层状盐岩力学特性
与储能安全评价

刘　伟　李银平　杨春和
施锡林　姜德义　万继方　　著

扫描二维码
查看本书彩图

北　京
冶金工业出版社
2024

内 容 提 要

本书共6章，以层状盐岩盐穴储能安全为研究对象，介绍了盐岩的基本特性及盐穴储能现状、层状盐岩复合力学特性、层状盐岩地层孔渗特性、盐穴储库稳定性评价、层状盐岩腔体密闭性及分类应用、盐穴溶腔改造利用与储能新方向。

本书可供从事盐岩水溶造腔和盐穴溶腔利用方面的施工、管理、设计、评价相关技术人员及科研人员参考，也可供高校、科研院所相关专业本科生和研究生阅读。

图书在版编目 (CIP) 数据

层状盐岩力学特性与储能安全评价/刘伟等著. —北京：冶金工业出版社，2024. 1

ISBN 978-7-5024-9787-3

Ⅰ.①层⋯　Ⅱ.①刘⋯　Ⅲ.①层状结构—岩石力学—研究—中国　Ⅳ.①P583

中国国家版本馆 CIP 数据核字 （2024） 第 045294 号

层状盐岩力学特性与储能安全评价

出版发行	冶金工业出版社	电　话	(010)64027926
地　址	北京市东城区嵩祝院北巷 39 号	邮　编	100009
网　址	www.mip1953.com	电子信箱	service@ mip1953.com

责任编辑　王　双　美术编辑　吕欣童　版式设计　郑小利
责任校对　葛新霞　责任印制　禹　蕊
北京建宏印刷有限公司印刷
2024 年 1 月第 1 版，2024 年 1 月第 1 次印刷
710mm×1000mm 1/16；8.25 印张；161 千字；122 页
定价 76.00 元

投稿电话　(010)64027932　投稿信箱　tougao@ cnmip.com.cn
营销中心电话　(010)64044283
冶金工业出版社天猫旗舰店　yjgycbs.tmall.com
(本书如有印装质量问题，本社营销中心负责退换)

前　言

　　我国盐岩资源储量丰富，井矿盐开采历史已有 2000 多年之久。近年来，井矿盐年产量近 5000 万吨，助力我国盐碱行业高速发展的同时形成了大量地下盐穴空间。由于盐岩具有良好的蠕变性、极低的渗透率、可水溶开采及损伤自愈合等优良特性，盐穴空间的开发与利用历来备受关注。全球已有多个国家利用盐穴储备石油和天然气，德国、美国利用盐穴建造了压气蓄能电站，英国、美国还将氢气储存于盐穴之中，地下盐穴空间已成为一种宝贵资源。

　　当前盐穴空间利用多聚焦于能源储存领域，我国目前已建成 4 座盐穴天然气储库基地，累计注采气量已超过 50 亿立方米，并于江苏金坛、山东泰安利用盐穴建成 2 座压气蓄能电站，湖北潜江、江苏淮安、河南平顶山、河北宁晋等地盐穴储库建设评估工作也正在积极推进之中。地下能源储库可在保障国家能源安全、应急调峰、平抑能源价格等方面发挥重要作用。除地下盐穴外，枯竭油气藏、含水层、废弃矿井、地下人工洞室等也可用于能源储存，但盐穴储库可灵活注采、工作气量大、建设成本相对较低等优势使其越来越受到人们的青睐。

　　我国石油和天然气对外依存度已分别超过 70% 和 45%，同时其储备水平远低于国际平均水平，大力推动盐穴储库建设迫在眉睫。不同于国外纯度较高的巨厚盐丘，我国盐岩地层以湖相沉积为主，具有盐层薄、夹层多、杂质高等特点，盐穴溶造控制难度大，腔体围岩力学及孔渗特性复杂，盐穴利用稳定性、密闭性仍有待深入研究。针对上述问题，本书总结凝练了作者及团队多年来在盐穴储库围岩力学及孔渗特性、腔体稳定性及密闭性研究方面的系统性成果。

全书分为6章。第1章介绍了盐岩基本类型及国内外盐层特征，重点介绍了金坛盐岩的分布和特征，以及盐穴在能源战略储备上应用的重要性；第2章论述了我国层状盐岩的基本特性，探究了层状盐岩的复合力学特性，建立了层状盐岩复合材料力学模型；第3章对层状盐岩地层孔渗特性进行了研究，测试分析了层状盐岩地层夹层、盖层、不同组构类型盐岩及不同岩性层间界面的渗透特性；第4章结合我国盐层赋存实际对含有不同岩性夹层盐穴氢气储库的密闭性及畸形老腔储气库的稳定性进行了综合评价，给出了不同用腔工况下关键参数设计准则及老腔分类改造利用建议；第5章建立了盐穴储气库密闭性综合评价体系，对比分析了老腔与新建溶腔的密闭性，并对不良地质条件下废弃盐穴的密闭性和适用性开展了系统研究；第6章介绍了老腔的改造利用，包括盐穴储氢储碳及沉渣空间储气利用。

本书涉及的研究工作得到了国家自然科学基金面上项目（项目号：52074046）、重点基金项目（项目号：51834003）及青年项目（项目号：51604044）、重庆英才计划"包干制"项目（项目号：cstc2022ycjh-bgzxm0035）等的支持。本书凝聚了各位作者的辛勤劳动，尤其感谢中国科学院武汉岩土力学研究所杨春和院士、李银平研究员和重庆大学姜德义教授的建议和指导，研究生李德鹏、张治鑫、张雄、李启航、段星宇、董云奎、杜金武等人参加了相关研究工作，在此一并表示感谢。

　　盐穴利用及储能安全研究任重道远，作者水平有限，书中不足之处，敬请各位读者批评指正。

　　　　　　　　　　　　　　　　　　　　　　著　者

　　　　　　　　　　　　　　　　　　　　　　2023 年 11 月

目　　录

1 盐岩的基本特性与盐穴储能现状

1.1 盐岩的基本类型

盐岩是由于海水或者湖泊蒸发作用沉积而成的化学沉积岩，主要由钾、钠、钙、镁的卤化物及硫酸盐矿物组成，常见的矿物成分有石膏、硬石膏、石盐、钾盐、光卤石等。在盐岩中除了石盐（NaCl、KCl）外，还含有少量其他硫酸盐及氯化物矿物，也可混入一些黏土矿物和有机质。纯盐岩无色，因混入物可呈现黑、灰、褐、蓝等颜色，一般为粗粒结构块体，与共生的石膏、硬石膏成互层。按沉积分异顺序，盐岩晚于石膏、硬石膏，因此盐岩层常出现在石膏和硬石膏岩的上部。在较低的温度和压力条件下，盐岩可表现出一定的流动性，造成埋于较深地层中的盐岩穿刺，形成盐丘。

在国外，盐丘常常应用于石油与天然气的开发，因为这种单一的厚盐层或巨厚盐丘构造地层一般为海相沉积，这是由于盐岩和石膏向上流动并挤入围岩，上覆岩层发生拱曲隆起而形成的一种构造（底辟构造）。这种盐岩厚度可达到数百米至上千米，盐岩纯度高、均质性良好，溶腔围岩应力状态较为简单。而国内盐岩基本上属于典型的滨湖相沉积构造，沉积物在湖泊中进行沉积，同时在季节不断交替的过程中，由于沉积物组分等的不同，形成一定的平行层理构造，具有典型的层状结构，盐岩单层薄、不溶物含量高，工程地质结构复杂，盐岩与夹层呈互层分布。如图 1-1 所示，层状盐岩与盐丘型构造不同，可以看出层状盐岩的地

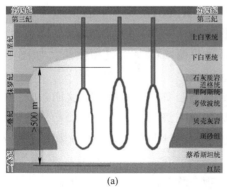 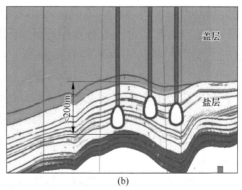

(a) (b)

图 1-1　国内外盐岩构造地层剖面图

（a）国外盐丘；（b）国内层状盐岩

层结构比盐丘型地层结构复杂得多。

由于盐岩有良好的气密性，盐岩层不仅能形成很大的地下空间，而且能够保持较长时间的稳定，因此盐岩地下空间应用主要有两个方面：（1）石油、天然气、压缩空气、氢气等能源的地下储存；（2）废弃物，如低放射核废料、油田污泥、碱渣及二氧化碳等的地下处置[1-3]。

1.2 我国盐矿分布与特征

我国盐岩地层分布广泛，埋藏于地下数十米至数千米，特别是在华北地区和中东部地区存在丰富的井矿盐资源，但是尚未发现巨厚盐岩或盐丘构造矿床。我国盐岩的基本赋存条件是盐岩层数多、单层厚度薄、含不溶或难溶夹层多，属于典型的薄互层盐岩构造[4]。

1.2.1 区域构造特征

我国白垩纪晚期—古近纪，由于燕山运动和喜马拉雅运动，形成了一系列的断陷盆地[5]：在东部的秦岭—大别山以南形成了江汉、苏北等盆地，并出现了大量的盐岩沉积，如白垩纪晚期的江苏淮安盐矿、江苏金坛第三纪盐矿和湖北应城第三纪盐矿。盐岩的强度和密度均低于周边岩层，且具有显著的塑性流动，在漫长的地质演化史中将受到周边地层的推覆挤压作用而发育二次断裂构造，断裂构造所导致的直接后果一般有盐矿体产状倾斜、盐矿体沉积下陷深度增加，这也是导致盐矿体产状变化或深度低于同期地层的重要原因；但也有一点好处就是，下陷深度增加可为盐矿后期发展提供沉积条件。

以金坛层状盐岩矿区为例，金坛盐矿整体上呈簸箕形盆地构造（以下简称金坛盐盆），北东向长 33 km、北西向宽约 22 km，面积约 526 km²，夹持于茅山推覆带和上黄—大华隆起带之间，为北东向的小型沉积盆地[6]。在大地构造上位于扬子地台的东北部，是苏南隆起区常州凹陷带中的次一级构造单元，周边地质影响主要受东南向的太平洋板块挤压，以及北西向的茅山推覆挤压，如图 1-2 所示。

金坛盐岩沉积区周边主要存在四条断裂构造，如图 1-3 所示，这四条断层控制了整个盐盆的沉积边界，应属于常州凹陷的次一级构造，也是影响盐岩区域稳定性和密闭性的重要边界，分别为直溪桥断层、鲍塘断层、观西—大树下断层及西庄断层[7]。

上述断层在活动期均具有张性特征，但现今均为压性断层，且断距不大，断层两侧均为泥质岩或盐岩，具有良好的封堵性。因此，从区域地质角度来看这些断层，对拟建储气库群的稳定性和密闭性影响并不明显。但也不能就此断定这些

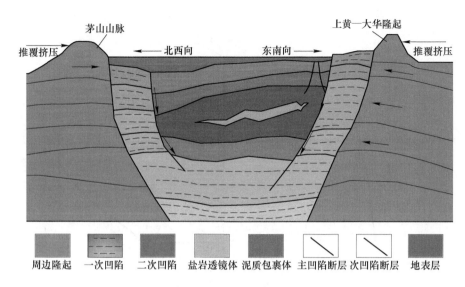

图 1-2 金坛盐矿地质构造剖面示意图

断层没有影响，其可能的影响为：（1）造腔完成之后地层中应力将重新分布，可能诱发断层应力状态的改变，甚至诱发断层活化；（2）盖层及夹层与断层的连通性问题，导致断层有可能成为泄漏通道；（3）断层的存在直接分割了横向尺寸和整体稳定性，可能会对储库群的沉降/变形传递产生显著影响。因此，建议储库必须与断层保持合理的避让距离，确保造腔及运行不至于诱发断层活动；钻井遇到断层时采取加强固井，防止断层面不均匀变形挤毁管柱；造腔完成后积极开展腔体内压、腔体形态、地面沉降等监测工作。

1.2.2 地层沉积及岩层组成特征

探明盐岩矿体及其相邻地层的沉积特性，可为储气库的密闭性和稳定性做出更合理的评判。本节搜集了金坛盐矿区域内的钻井资料，摸清了该区域地层的沉积特征和岩层分布。金坛盆地及周围的中、古生界及元古界出露于其北部的宁镇山脉东段及西部茅山地区，新生界下第三系地层除在茅山东麓有零星出露外均被第四系地层覆盖，在盆地内部上第三系在盐矿区域缺失，第四系松散堆积物覆盖全区[8]。与盐岩矿体相关性比较大的地层自下而上由阜宁组、戴南组、三垛组组成，盐岩层分布于阜宁组上部。

在盐岩矿体盖层方面，其中间接盖层三垛组沉积早期是静、动水交替，氧化、还原作用交替环境下的浅湖相沉积，晚期是浅湖至湖滨三角洲相沉积[9]。该段内以泥质岩、粉砂岩、玄武岩为主，就岩性评价而言，其密封性能已低于下伏戴南组的泥质岩，但是作为间接盖层对气体的封闭能力并不需要太高要求，即

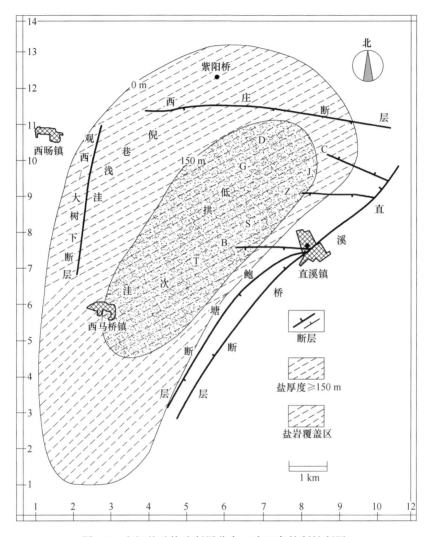

图 1-3　金坛盐矿构造断层分布（含四条控制性断层）

便如此该地层对上部地下水仍算得上是良好隔水层，可有效防止地下水入渗从而造成不良影响。该组一段的玄武岩分布面积广、累计厚度达 50.0~120.0 m，在盆地中部厚度稳定，一般在 50.0 m 左右，裂隙不发育、强度高，既是储气库的良好封隔层，也是良好的地下水隔水层。

需特别说明的是，该组内的玄武岩地层对储气库的稳定性也具有重要意义，玄武岩性质硬脆、强度较高，可在一定程度上消减腔体收缩变形的向上传递、进而延缓地表沉降的过快发展。该地层可谓是覆盖于储气库上部的一"刚性盖板"，由此可认为三垛组地层是地下储气库的一道重要的安全屏障。

在盐岩矿体底板方面，盐岩底板为阜宁组，该组地层与下伏地层呈不整合接触，厚 179.4~1251.0 m。根据岩性特征和古微生物化石组合可细化为四个岩性段，其中：阜宁组四段上部为含盐岩层段，阜宁组一段至三段、四段下部组成了拟建储气库的底板。底板从下自上由碎屑岩、泥质岩、钙质泥岩所组成，结构密实、岩层均具有塑性变形能力，属于性能良好的底板，对储库的稳定性和密闭性均较为有利。

在盐岩矿体横向方面，凹陷蒸发岩相（盐岩、碳酸盐、硫酸盐等）在平面上呈带状分布，CJZ—SBT 沉积中心为盐岩相区，由中心向外的斜坡带为硫酸盐、碳酸盐相区，不仅有盐岩沉积，还有石膏、钙芒硝、白云岩等矿物，再往外到边缘或靠近东部断阶的狭长地带为碎屑岩相区。盐岩体在盆地内仍以透镜体形式存在，上下及四周受蒸发岩、泥质岩、碎屑岩逐层包裹如图 1-4 所示。

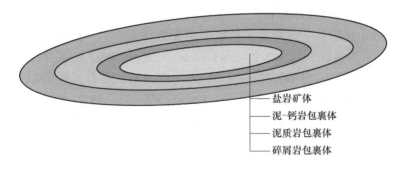

盐岩矿体
泥-钙岩包裹体
泥质岩包裹体
碎屑岩包裹体

图 1-4 盐岩横截面包裹及纵向/水平向物性过渡示意图

1.2.3 盐岩矿体分布特征

金坛盐矿区盐岩层发育于直溪桥凹陷阜宁组沉积末期，属湖盆萎缩阶段水体浓缩的局限盐湖沉积。据地震资料解释成果及实际的钻井资料，金坛盐矿盐岩层的分布在平面和纵向上都比较稳定，呈北东向展布，盐岩体长轴 12 km，短轴 5.6 km，含盐面积可达 60.5 km^2，厚度 67.85~230.95 m。盐岩层最厚的区域位于东北部 CJZ—SBT 一带，达 180~230 m。

盐矿体本身在平面上大体呈环状向四周减薄形态，向西部和北部趋于尖灭；东侧受直溪桥断层控制，为东部边界；西南部尚无资料，但根据直溪桥凹陷沉积规律推测向西南也渐趋于减薄尖灭。盐岩层平缓，略有起伏，总体向北西倾斜，倾角小于 10°，边界倾角稍大，仍在 20° 以内。由中心向外的斜坡带渐变为硫酸盐、泥质岩相区，不仅有石盐沉积，还有石膏、钙芒硝、白云石等盐类矿物，再往外到边缘或靠近东部断阶的狭长地带为碎屑岩相区（见图 1-4）。斜坡带的硫酸盐、石膏、钙芒硝等如同包裹体一般紧紧包裹尖灭的盐岩，这几种岩体均是结构致密、塑性良好的沉积岩，可满足储气库群的侧向封闭性能，在平面上形成良好的环状封闭体，可防止天然气的侧向逸散。

金坛盆地整个含盐层系自上而下构成一个完整的沉积旋回,水介质由淡化—浓缩—再淡化,剖面结构较为简单。自下而上由两个横向分布稳定的棕红色及灰至灰黑色夹棕红色泥岩标志层将盐岩分隔为Ⅰ、Ⅱ、Ⅲ三个主要矿层。盆地内自上而下的三个主要盐岩层分布情况如下:

(1)第Ⅰ盐岩层。钻井揭示该盐矿层顶面埋深 910.65～1216.86 m。北部的 RB—CJZ 地区为 1040.89～1175.03 m,最深处是 CJZ 的 ZJ102 井达 1216.86 m;南部的 LJB—MX—SBT 一带较浅,为 910.65～1022.30 m,最浅的是 M5 井为 910.65 m。该矿层南厚北薄,主要发育在南部 MX 矿区一带,一般厚度 55～69 m,平均 58.4 m;北部 RB 地区已近尖灭带,厚度仅为 3.67～23.32 m,平均为 10.51 m,已钻 13 口井中,就有 10 口井缺失。东北部的 CJZ 地区也仅为 7.05～15.44 m,平均 12.71 m。

(2)第Ⅱ盐岩层。钻井揭示此矿层顶面埋深 838.37～1143.34 m,北部的 RB—CJZ 地区为最深,达 997.2～1143.34 m,一般为 1000 m 左右,南部 LJB—MX—SBT 一带较浅,为 837.37～924.96 m,一般 900 m 左右。第Ⅱ盐岩层在全区分布,厚度最为稳定,一般均在 50～80 m。MX 地区 33.22～94.14 m,平均 66.90 m,其中 M4 井最厚达 94.14 m。RB 地区 37.17～76.05 m,平均 56.71 m。CJZ 地区 53.49～81.08 m,平均 72.12 m,该层是沉积过程中最为稳定的盐岩层。

(3)第Ⅲ盐岩层。钻井揭示该矿层顶面埋深 809.38～1045.57 m,其中 RB 矿区最深可达 927.5～1045.57 m;MX 矿区最浅,一般为 809.38～894.39 m;CJZ 矿区在 944.32～999.52 m;SBT 地区最深可达 1060 m。该盐岩矿层在全区分布,厚度为 7.93～145.17 m,平均 51.08 m,与第Ⅰ盐岩层相反,呈北厚南薄。以 CJZ 地区为最厚,平均达 107.94 m,C1 井最厚达 145.17 m。盐岩层以 CJZ 深凹为中心向四周减薄,至南部 LJB 地区(MX 矿已钻井井区)厚度已减薄为 30 m 左右,西北部 RB 矿区介于两者之间,一般为 30～70 m,平均可达 50 m 左右。

结合钻井资料和物探信息对盐岩的顶板深度、底板深度、盐岩矿体厚度进行了描述,给出了以下的顶板标高、底板标高和盐岩矿体厚度分布图、剖面 A—A 盐矿体竖直剖面图。

图 1-5 给出了盐岩顶板深度等值线图。从图 1-5 中可见,盐岩顶板深度在东部较浅,向西北方向逐渐变深,从南向北顶板深度也呈下降趋势。东部紧邻穿透阜宁组的直溪桥断层,且东部盐岩顶板坡度较大。这种构造类型应当与盐岩矿体受到东部挤压有关,使盐岩矿体一直处于抬升构造活动中。但从现有勘探资料发现,该地区目前地质活动基本上处于静止状态,即可排除直溪桥断层诱发构造活动的可能性;即便如此,在该地区的地应力是否集中仍是一个值得关注的问题。

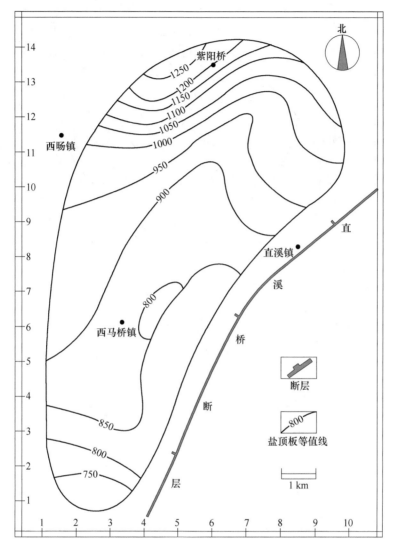

图 1-5 金坛矿区盐岩顶板深度等值线图（单位：m）

由图 1-6 可见，盐岩矿体底板深度分布呈现的特征是：深度最浅的区域仍然是沿着直溪桥断层一带，从东向西北深度整体上呈下降趋势，但存在两个较深的低洼构造区域，这两个区域的底板深度分别为 1100 m、1150 m，结合图 1-5 可知，这两个局部凹陷也是盐岩厚度最大的区域，其东侧的坡度较陡，导致地层具有一定的西倾倾角，这在布置储库时需引起注意；而从南向北底板深度逐渐降低，但坡度较缓。

图 1-7 中给出了盐岩视厚度等值线，该厚度指的是盐岩矿体的综合厚度（包含其中夹层厚度）。从图 1-7 中可见，盐岩最厚的区域集中在中部略偏东的两个

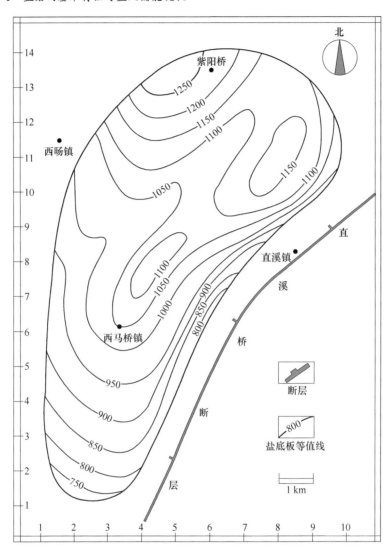

图 1-6 金坛矿区盐岩底板埋深图（单位：m）

凹陷（CJZ—SBT 次凹），这两个位置厚度超过 200 m 的盐层面积为 4.7 km²，厚度超过 150 m 的为 20.7 km²，厚度超过 100 m 的为 34.42 km²，厚度超过 50 m 的为 49.04 km²。并对某一个位置给出了剖面图 A—A（剖面线见图 1-8）。

盐岩体被标志层夹层切割为三个主要岩层，其基本信息见表 1-1。由表 1-1 可见，在所选取的三个参考位置 MX、RB 和 CJZ 中，盐岩层的厚度均达到 100 m 以上，平均厚度达到 143.92 m，具备建造大型地下储库群的基本条件。盐岩层的分布特征总结为：

（1）盐岩层的分布受到区域构造控制。东部直溪桥断层控制了盐岩东部沉

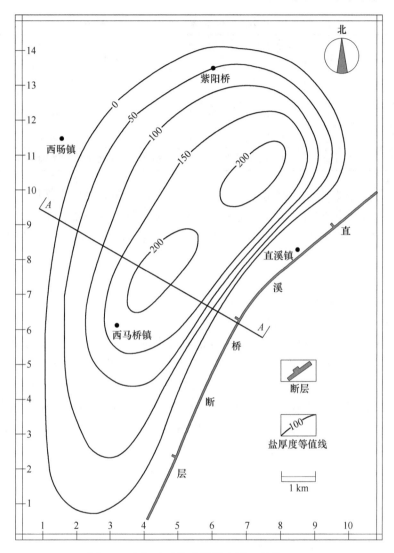

图 1-7 金坛矿区盐岩视厚度图（单位：m）

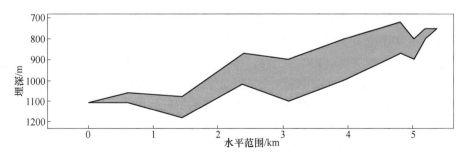

图 1-8 金坛盐岩矿体剖面图

表 1-1 金坛盐矿标志层（夹层）数据统计表

盐矿	井数	盐层厚度/m	层间夹层/m		小计/m	占盐岩层厚度/%	平均单层厚度/m
			ZY_1	ZY_2			
MX	16	153.18	2.10	1.90	4.00	2.61	2.00
RB	13	108.18	4.09	3.11	7.20	6.66	3.60
CJZ	7	189.14	3.96	2.75	6.71	3.55	3.36
平均	36（总）	143.92	3.02	2.50	5.52	3.84	2.76

积边界，西部、北部均为减薄尖灭带，盐岩体平面分布为总体中部厚，向四周减薄尖灭，相变为泥质岩，岩体呈透镜体包裹在顶底及周围泥质岩中。盐岩总厚度在中部的 CJZ—SBT 洼陷一带最厚，达 180~200 m，其中 SBT 地区为盐矿的深凹处，盐层厚度最大。

（2）岩层分布起伏较为平缓，整体上东高西浅，东厚西薄、北厚南薄，倾角一般小于 10°，中心部位更小，边部稍大。

（3）下部第Ⅰ岩层主要分布在南部 MX 地区，平均厚度达 58 m，北部 RB 及 CJZ 地区仅在局部分布有 3~10 m；第Ⅱ岩层全区均匀分布，一般在 50~80 m，平均 64 m，中部厚、周边减薄，该层可作为利用建设储气库的岩层。

（4）上部的第Ⅲ岩层在目前已钻井采盐的地区中，主要分布在 CJZ—MJZ 地区，达 120 m 以上，而在 MX、RB 矿区则明显减薄，仅为 30~50 m，但据地震测线解释剖面图可看出，在 MX 矿西北部的 SBT 地区出现了深凹区，第Ⅲ岩层比 MX 矿区较厚，出现了又一个厚盐层分布区。

（5）岩层在中部地区，特别是北部 CJZ—MJZ 地区及南部 SBT 地区为盐岩层厚度较大地区，岩层厚度大于 180 m 的面积约 12 km^2，盐层厚度大于 160 m 的面积可达 17 km^2，是建设储气库最有利地区。

1.2.4 盐岩矿体夹层分布特征

在盐层分布之中，前面已论述了Ⅰ、Ⅱ和Ⅱ、Ⅲ矿层之间具有两个明显的泥岩标志层，即全区分布的夹层（地质隔层），岩性以泥岩为主。

Ⅰ、Ⅱ矿层之间的夹层（ZY1 夹层）厚度为 0.6~4.91 m，平均 3.02 m；Ⅱ、Ⅲ矿层之间的夹层（ZY2 夹层），厚度一般 0.28~4.84 m，平均 2.5 m。这两个夹层在特殊处理的地震剖面上分布稳定，横向变化清晰，夹层岩性由以泥质岩为主，向西变为盐质泥岩或钙芒硝含量增加的特征。由岩性资料统计，上述夹层主要为盐质泥岩、泥岩和含钙芒硝泥岩，局部见小裂隙被次生盐充填。由于夹层单层厚度一般在 1~3 m 之间，局部最大未见超过 5 m 者。

除了主要的两个全区域分布的大夹层（地质隔层）外，在各岩层内部还有一些局部分布的夹层，这些夹层的特性与局部沉积物源和沉积环境有关；这些夹层不穿越全区，因此难以成为长距离的渗透通道，但是由于此类夹层数量众多，在储气库间距较小时仍需考虑小夹层渗透对矿柱安全性的影响[10]。此类夹层厚度较小、延伸范围有限，岩性一般为含钙芒硝泥岩、泥岩、盐质泥岩等，且相比大夹层而言其含盐率略高。盐层内部小夹层厚度较薄，单层厚度一般仅 1~3 m，平均 1.6 m，又多为含盐泥岩或含裂隙盐泥岩等。虽然含有的水不溶物较多，一般可达 80%~90%，但主要是泥质成分，颗粒较小，水溶开采时都可以溶漓，不会影响造腔；但由于数量较多，在储气库密集分布的情况下仍要考虑小夹层渗透对储气库矿柱安全性的影响。

统计资料表明，若将层间大夹层与层内小夹层统一考虑，单井平均含夹层 10.3 层，厚度 16.44 m。其中 CJZ 为 20.59 m，层数 13.3 层，MX 矿区最少为 9.9 层，厚度 12.8 m，RB 矿区居中。若以夹层厚度占盐层总厚度的比例衡量（可排除盐层厚度不同的影响），夹层平均为总厚度的 11.5%，MX 与 CJZ 分别为 8.36% 和 10.89%，均低于金坛盐矿平均值，属较好造腔的区域，可形成更大的有效容积；RB 矿区为 17.28%，为最差。夹层单层厚度全区平均为 1.6 m，MX 为 1.29 m，为最小，CJZ 为 1.55 m 居中，RB 为 1.96 m。

1.3 盐穴储能现状

盐岩具有低渗透率、低孔隙度、良好流变性能及可水溶开采等优良特性，被国际公认为能源（石油、天然气、LPG 等）储存的最佳介质[11-12]。据统计，至今已有超过 40 个国家实施了地下油气储备工作，其中美国 90%、德国 50%、法国 30% 的石油储存在盐岩库群中；美国 20%、德国 40%、法国 20% 的天然气储存在盐岩库群中，全球储存于盐穴中的天然气已超过 400 亿立方米[13]。此外，德国、美国利用盐穴建造了压气蓄能电站，已平稳运行 40 余年，英国、美国还利用盐穴储存氢气[14]。我国已建成 4 座盐穴天然气储库，并于江苏金坛和山东泰安建成 2 座盐穴型压气蓄能电站，我国盐岩资源储量十分丰富，同时"双碳"目标建设、能源优化及调配等需求日益迫切，大力推动盐穴空间开发与利用意义重大[15]。

国外储库一般建造在盐岩纯度很高（NaCl 含量大于 >95%）的巨厚型盐岩（单层厚度不小于 200 m）或盐丘型构造（整体厚度为 400~2000 m）之中。美国、德国、加拿大、法国等发达国家已经建成了大规模地下盐穴储库群，用于国家战略石油储备，目前全世界已经建成 100 余座盐穴储气库并投入运行[16]。

而我国天然气地下储库建设方面发展较早，主要地下储存方式为枯竭油气藏型储气库[17]，针对我国主要以井盐矿为主的情况，我国盐矿分布广泛、资源丰富，具备一定的建造大型地下能源储库的地质条件。特别是在华北地区及中东部地区，尚未发现可用于地下储气库建设的含水层、枯竭油气藏等合适的地质构造，但是存在有丰富的井盐构造，所以在华北地区及中东部地区建设大规模地下盐穴储气库已成为能源储库建设的必然选择[18]。

已建成并平稳运行十余年的江苏金坛储气库是我国乃至亚洲第一座盐穴储气库，目前金坛盐穴储气库已有 40 余个腔体投入使用，对华东地区的供气调峰正发挥关键作用，由于金坛盐穴储气库的投产，扭转了我国 2007 年以前每年花费数百亿元进口国外 LNG 的不利局面。同时，在湖北应城和潜江、江苏淮安、河南平顶山等地也正在开展盐穴储备库的规划和先导工作[19]。随着我国大规模气田的勘探开发、工业企业用气需求攀升，尤其是随着国家西气东输、川气东送战略工程的实施，储气库的研究及建设工作将大力开展。到时仅在金坛盐矿区，就可形成一个由 100 ~ 120 个单腔组成的地下超级气库群，同时一个总容量达 300 万~600 万吨的大型地下石油储库群也在规划之中。

综上可知，随着我国对能源需求的进一步提高及国家对战略储备的重视，地下盐穴储库在地下油气储备中所占的分量会越来越大，未来 15~20 年将迎来我国地下盐穴储库建设高峰。

1.4　本章小结

本章主要介绍了盐岩基本类型及国内外盐层特征，重点介绍了我国金坛盐岩的分布和特征，以及盐穴在能源战略储备上应用的重要性。具体介绍了盐岩三个方面的内容：

（1）盐岩的基本类型，具体介绍了盐岩构造原因、国内层状盐岩与国外盐丘的构造差异、盐岩在工程上的应用。

（2）国内盐岩的分布与特征，具体通过介绍金坛盐矿矿区的区域构造、盐矿地层分布特征及盐矿矿体特征来表明金坛盐岩矿区有利于国内层状盐穴储气库的建设，具体包括：1) 区域构造的影响；2) 地层顶底板的岩性特征；3) 盐矿体盐岩层及夹层的分布特征。

（3）国内的盐穴储能现状，具体介绍了在国内华北地区及中东部地区建设盐穴储气库的必要性，以及强调了国家对战略储备的重视程度，并指出盐穴是未来地下储气库建设的趋势。

2 层状盐岩复合力学特性

2.1 层状盐岩的基本特性

由于我国盐矿均在位于湖相沉积的层状盐岩中生产[20-21]，这种盐岩地层的基本特点为"盐岩层数多，单层厚度薄，难溶/不可溶夹层含量多"[22-25]。层状盐岩的地质条件复杂，而且属于典型的层状岩体，具有一般复合层状材料的特点，又同时具有层状盐岩的本身特性。夹层与盐层在物理力学性质上存在一定的差异[26-27]，同时层状盐岩的力学特性一般也受到了断层或褶皱等地质构造的影响[28-29]。在复杂的地质条件下，要在这类层状盐岩下建造地下储气库，无论是地质条件还是工程技术上，都面临极大的挑战和困难。为了更好地指导储气库的建设，需要对层状盐岩的基本特性有一定的了解，才能有效控制储气库的稳定性及密闭性。针对层状盐岩这类复合材料的特性，开展不同岩层及界面处宏观微观测试试验，结合力学试验和理论分析，才能更好地探讨层状盐岩的基本特性。

2.1.1 界面宏观性质

基于金坛盐岩先导井取芯试样，可以从取芯的角度来看不同层位存在不同岩性和外观的界面类型。通过观察部分典型界面岩芯照片，如图2-1所示，从宏观

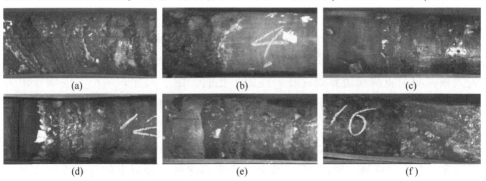

图2-1 金坛盐岩先导井钻探典型界面照片

（a）钙质泥岩-芒硝盐界面；（b）含泥盐岩-泥岩界面；（c）芒硝泥岩-含杂质盐岩界面；

（d）含芒硝盐岩-泥岩界面；（e）芒硝泥岩-纯盐岩界面；（f）钙芒硝泥岩-含泥盐岩界面

角度来看可以观察到两类界面：过渡型界面（见图 2-1（a）（d）和（f））、清晰型界面（见图 2-1（b）（c）和（e））。

过渡型界面的特点在于盐岩和泥岩颗粒混合，没有明显清晰的层面，而是一个物性渐变的区域，反映了沉积的连续性。从形成角度而言，界面反映了干湿气候的交替，任何气候的交替其实都是要经历一段时间的，所以界面的沉积具有渐变过渡的性质。清晰型界面则不同于过渡型界面，它的界面轮廓比较清晰，可以通过界面明显地观察到两种不同物质的组成情况，同时界面仍然以凹凸不平的锯齿状分布。进一步观察，在临近夹层一侧的岩性与夹层其他部位仍然是不同的，而是存在一个数厘米长的过渡区，可以看出存在有盐岩、硬石膏、钙芒硝等颗粒，其物性组成还是以泥质成分为主。

综上所述，这类层状盐岩界面有别于传统岩体结构面，可以认定为盐岩与夹层的沉积分界过渡区，也是层状盐岩中界面结构致密、胶结良好的原因。

2.1.2 界面微观组构特性

如果单纯只是对界面进行肉眼的直观观察，这样得出的界面特性往往太过浅显，所以针对上述的盐岩岩芯，要进行微观电镜扫描（SEM）试验，来进一步从微观层面，更加深入地观察界面的特性，才能对层状盐岩的特性有比较全面的了解掌握。

通过电镜扫描试验可以得到界面处夹层颗粒与盐岩颗粒的胶结情况及颗粒的排列状况，可从细微观角度对界面的密封性能和力学性能作出一定解释。如图 2-2 所示，从试验结果可以看出，在细微观角度下，宏观的界面很难观察到，反倒是对过渡型界面区域性质的揭露比较明显。当倍数较低时，盐岩大颗粒与泥质岩的细小颗粒混合分布，由于相互直接胶结密实，基本上不存在残留孔隙。但是随着放大倍数增加到一定程度，可以看到盐岩晶粒之间充填了泥质岩颗粒，充当了盐岩颗粒的基质；当电镜放大倍数达到 10000 倍时，就可以发现盐岩大颗粒与泥质颗粒边界处存在一些微小孔洞，由于尺寸非常小，毛细管阻力会异常大，常规压力梯度下流体很难通过，因此它的气密性非常良好，很适合储气库建设。

综合考虑宏微观的层状盐岩界面特性，可以得出层状盐岩基本特性除了盐岩层数多、单层厚度薄、难溶/不可溶夹层含量多之外，盐岩中的复合界面存在一定的复杂性，具有一定的复合材料特性，界面轮廓存在过渡及清晰两种状态，同时界面中虽然存在一定细微孔洞，但是由于尺寸的原因，造成毛细管阻力异常大，因此界面具有良好的气密性性能。

图 2-2　层状盐岩界面电镜扫描图

（a）泥质钙芒硝-盐岩界面（左 200 倍，中 1000 倍，右 10000 倍）；（b）含钙芒硝盐-泥岩界面
（左 100 倍，中 1000 倍，右 10000 倍）；（c）含钙芒硝盐-泥岩界面（左 200 倍，中 1000 倍，右 10000 倍）

2.2　复合层状盐岩界面变形与破损特征

由于这类层状盐岩具有复合材料的特性，为了探明夹层与盐岩不同的力学响应，认清含夹层盐岩体的变形与破损规律，开展层状盐岩复合力学特性测试是十分必要的。同时，由于地层的构造活动以及盐岩自身流变等原因，或多或少造成地层存在一定的倾角[30-31]，因此选用含有倾角的试样才能更好地符合实际地层条件，有助于深入研究。

所有岩芯均取自同一口井，采用干式锯磨法加工，试样高径比约 2：1，直径96~100 mm，根据物性分析将加工试样分为：纯盐岩试样（NaCl含量不小于95%）、含杂质盐岩试样（NaCl含量小于95%）、泥岩夹层试样、含夹层复合层状盐岩试样（a类：含薄夹层，厚度小于10 mm；b类：含中等厚度夹层，厚度5~40 mm）。此处将含夹层复合层状盐岩试样分为a类和b类，主要考虑到储气库整体性角度，在储气库中，若夹层厚度含量在10%以下且夹层数量不少于10%，这样的夹层对围岩的刚度影响比较小，整体上还是由盐岩主导，因此这类夹层对储气库的密闭性、稳定性影响不大，但还是具有复合材料的力学特性，所以归类为薄夹层。当夹层厚度含量在10%~20%甚至更高的时候，就有可能出现较厚的夹层，含有这类夹层的盐层其复合材料力学特性会比上一类更加明显，夹层厚度大、刚度高，对盐岩的加筋锚固作用就更强。但由于夹层没有像盐岩那样良好的塑性和流变性能[32]，储气作用下可能会有裂纹的萌生和扩展，甚至形成裂纹网络，因此将10~40 mm的夹层划分为中厚夹层。对于含有厚度更大夹层的盐岩地层，当在此类地层中造腔时难度较大，且围岩漏失风险增加，这类地层一般不做储气库选址考虑，因此不考虑这类夹层的力学特性。综上所述，选取了地层倾角为20°~30°，取芯方向为竖直方向的岩芯进行制样，此时试样的倾角能够满足地层倾角，加工试样如图2-3所示。

(a)   (b)   (c)   (d)   (e)   (f)

图2-3　不同类型层状盐岩试样

（a）纯盐岩；（b）含杂质盐岩；（c）含中厚夹层层状盐岩；（d）含薄夹层层状盐岩；

（e）含中厚夹层层状盐岩；（f）石膏泥岩夹层

在上述材料中，由于复合层状盐岩试样含有倾斜夹层，倾角的存在对其力学性质必然造成一定影响，因此要针对夹层不同位置进行变形及破损模式探讨，故将夹层自身不同高度区域划分为3个部位：夹层上部、夹层中部、夹层下部。同时开展倾斜夹层受力状态分析时需要利用局部坐标系，局部坐标系与大地坐标系的关系如图2-4所示。

在准备好所需试样后，即开展相应的力学试验测试，主要进行单、三轴压缩力学试验，进一步探讨复合层状盐岩的力学特性。

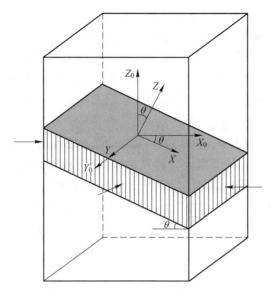

图 2-4　含夹层层状盐岩体坐标示意图

2.2.1　单轴压缩试验分析

2.2.1.1　单轴压缩试验曲线分析

单轴压缩试验共选取了 9 块试样进行，每种岩性各 3 块，其中对于复合层状盐岩试样仅有一块含中厚夹层（厚度为 10~40 mm）的试验结果，如图 2-5 所示。

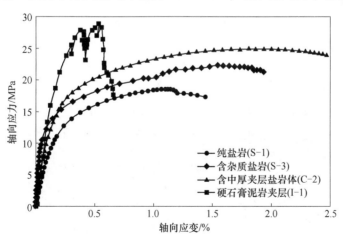

图 2-5　单轴压缩试验应力-应变曲线

试验结果表明，单轴试验中纯盐岩的强度最低，其弹性模量最低但泊松比却最大；相较于纯盐岩，含杂质盐岩的强度和弹模都略高，而泊松比略低；钙质泥岩夹层的单轴抗压强度和弹性模量都是最高的，但泊松比却是最低的；对于复合层状盐岩体试样，其力学性能介于盐岩和夹层之间。

含杂质盐岩及复合层状盐岩体的强度和刚度均比纯盐岩高，这表明杂质及夹层的存在增加了盐岩试样的强度。然而这两者之间又存在不同的强化机理：对于杂质盐岩而言，矿物杂质是以条带状、斑点状式分布于盐岩晶粒之间的，其作用相当于晶粒之间的胶黏剂；但含有夹层的盐岩是一种复合材料，夹层的强度较高对盐岩的变形和破损具有一定的约束，充当的是加筋作用。夹层的存在提高了试样的整体刚度和强度，对于复合材料复杂的变形及破损特征，还有待进一步探讨。综上所述，杂质和夹层在一定程度上都能或多或少地提高盐岩的强度和刚度，对于储气库的建设是比较有利的，能够增加储气库的稳定性。但是由于杂质和夹层的存在，围岩的损伤和破损机理都比较复杂，其对储气库的密闭性的影响有待深入分析。

2.2.1.2 夹层破损模式

夹层的破损模式可以分为水平夹层破损和倾斜夹层破损。对于含水平夹层的盐岩体，本身强度较盐岩高的夹层沿轴向首先劈裂破坏，然后裂纹扩展到盐岩层部分，带动盐岩层张拉破坏。对于含倾斜夹层盐岩体，与水平夹层盐岩体存在一定的差别，由于倾角的存在，界面处变形和破坏模式变得更加复杂，夹层的上部、中部、下部具有不同的破裂形态，如图2-6所示。在夹层上部和下部出现众多竖向劈裂裂纹，即表现出张拉破坏特性，裂纹贯穿整个夹层，在上下两侧盐岩中延伸一定距离后尖灭；在夹层的中部出现了倾斜裂纹，即表现出剪切破坏特性。夹层上部、下部的破损程度明显高于中部，发生了明显的剥离掉落。综上所述，夹层位置从上→中→下，裂纹形态经历了竖直裂纹→倾斜裂纹→竖直裂纹的变化过程，随着位置的改变，夹层破坏经历了劈裂→剪切→劈裂的过渡，说明夹层破损模式与夹层不同位置的应力状态有关。

(a)　　　　　　(b)　　　　　　(c)

图 2-6　倾斜夹层不同位置的破损模式

（a）夹层下部破损；（b）夹层中部破损；（c）夹层上部破损

2.2.1.3 裂纹萌生和扩展分析

岩体的破裂过程可表述为裂纹的萌生、扩展和贯通。对于复合层状材料,裂纹的萌生位置和扩展模式直接决定了岩体的最终破裂形态。试样在界面附近的裂纹与其他位置有一定的差别。如图 2-7 所示,裂纹在界面处倾角变小、曲折明显,张开度极小,向上、下延伸很小距离 (2～5 mm) 后倾角突然增大、张开度也变大;该现象在夹层的中部界面最为明显。

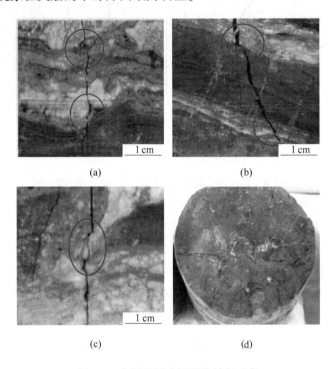

图 2-7　夹层不同位置裂纹转折现象

(a) 夹层上部;(b) 夹层中部;(c) 夹层下部;(d) 夹层横截面裂纹分布情况 (局部坐标下)

由于盐岩与夹层的力学性能不同,界面处的应力-应变变化极为复杂,倾角的存在还能使界面处存在剪应力。因此单轴压缩试验条件下,界面就成为拉剪裂纹优先萌生和扩展的位置。具体的裂纹萌生及扩展过程如图 2-8 所示,图 2-8 (a) 显示加载初期试样已经存在微裂纹、缺陷并以各种角度分布;图 2-8 (b) 中随着加载进行,微裂纹向夹层和盐岩中扩展,加载过程中翼型裂纹形成并发生一定量的延伸,在裂纹尖端形成拉应力集中区,引起张裂隙的形成;图 2-8 (c) 在中厚夹层型盐岩体中,上、下界面的裂纹各自扩展并贯通,形成宏观裂纹;由于微裂纹可能多条同时萌生、扩展,也可能形成平行裂纹,如图 2-8 (d) 所示。界面附近为剪性裂纹,因此为倾斜状,张开度小;其余部分为张性裂纹,因此较为陡立且张开度较大。

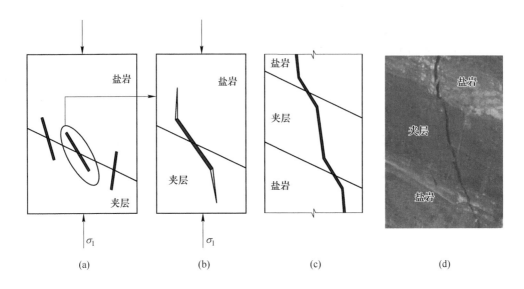

图 2-8 界面附件翼型裂纹萌生、扩展过程示意图

（a）加载初期界面附近已有微裂纹、缺陷，以各种角度分布；（b）加载过程中翼型裂纹形成并延伸；

（c）上、下界面裂纹各自扩展并贯通；（d）试验后真实夹层中裂纹连通情况

2.2.1.4　穿晶断裂现象

在试验过程中，发现裂纹贯穿盐斑发生穿晶断裂，而不是沿与裂纹几乎平行的晶界的沿晶断裂，破坏后裂纹贯穿晶斑中部，呈约 90°陡立，路径较平直，局部呈曲折状，如图 2-9 所示。

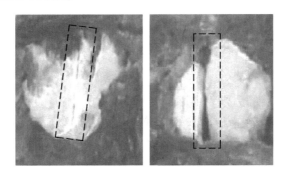

图 2-9　穿晶断裂

这是由于岩石是一种粗晶粒多相结晶材料，内部包含大量裂隙和孔洞，而岩石的损伤和破裂就源于这些微缺陷的扩展。对于岩石类材料，晶粒间黏结力一般低于晶粒本身的强度，使岩石更容易发生沿晶断裂，因此一般认为盐岩试样的强度低于其内部单个晶斑的强度。在图 2-9 中，对于晶斑及其附近区域，要发生图

中所示的穿晶断裂最基本的条件就是盐岩晶粒自身强度是最低的，盐-泥颗粒胶结极为紧密，这就说明纯盐岩的强度比较低，泥岩颗粒与盐岩颗粒及泥岩与盐岩的胶结是非常紧密的，强度较高，为储气库的稳定性和密闭性提供了有利参考条件。

2.2.2 三轴压缩试验分析

2.2.2.1 三轴压缩试验曲线分析

三轴压缩试验一共针对 10 块试样开展，限于含薄夹层、中厚夹层的复合层状盐岩数量比较少，因此 5 MPa 围压仅针对 2 块试样开展试验、10 MPa 围压针对 8 块试样开展试验，试验结果如图 2-10 所示。

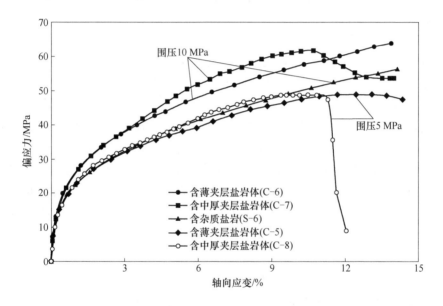

图 2-10 三轴压缩试验应力-应变曲线（围压 5 MPa、10 MPa）

通过分析图 2-10 中偏应力（$\Delta\sigma = \sigma_1 - \sigma_3$）与轴向应变（$\varepsilon$）之间的关系，发现两个重要性质：随着围压的增加，岩样明显由脆性向延性变化，均表现出不同程度的大变形和应变硬化。在围压为 5 MPa 条件下，峰值应变可达 10%、轴向应力达 52 MPa，随着围压进一步升高到 10 MPa，大变形性质更加明显，盐岩试样及含薄夹层的复合试样未出现应力峰值的迹象，当轴向应变超过 10%以后，试样应变硬化的表现仍然强烈。盐岩与复合层状盐岩体之间的力学行为差异：在围压 5 MPa 下，试样 C-5 和 C-8 都表现为峰前应变硬化和峰后应变软化，但 C-8 的夹层厚度比 C-5 的更厚，其表现出的脆性更大，在曲线上表现为峰值强度出现更早、峰后应力跌落更快。在 10 MPa 围压下，在达到峰值强度之前含中厚夹层盐岩体试样（C-7）强度超过其他两种类型的试样（C-6、S-6），这也表明夹层的存在提高了盐岩的强度。峰值强度之后，复合试样的应力-应变曲线向下偏移，表现出应变软化性质。

试验中出现了峰值应变就反映了复合层状盐岩体的一些独特的力学特性：（1）由于夹层强度相对较高、性质偏硬脆，一定程度上提高了试样的整体强度；（2）试样的破坏模式也能较好地反映复合试样的力学属性，可描述为：达到峰值前，试样的整体力学性质以盐岩部分为主，即表现为应变硬化和大变形性质；峰值强度之后，夹层中的损伤累计、剪应力集中达到夹层的承载极限，随后宏观裂纹形成，应力-应变曲线随机表现为应变软化。然而在含薄夹层试样中，并未发现峰值应变的出现，除强度略有不同之外，其应力-应变曲线与含杂质盐岩极为相近。

2.2.2.2 夹层裂纹

由于三轴压缩试验中，薄夹层型盐岩体与中厚夹层型盐岩体具有不同的破裂形态和裂纹扩展模式，因此有必要分类进行分析讨论。

A 薄夹层型盐岩体

盐岩三轴压缩下一般呈膨胀破坏。此次试验中，薄夹层型盐岩体或薄夹层型含泥盐岩体为膨胀破坏，且含泥质多的试样强度相对较高。破坏后试样侧面凹凸不平，盐质多的部分侧向变形较大，泥质多的部位侧向变形较小，如图 2-11 所示，说明夹层约束了盐岩的侧向变形。试验表明，极薄夹层对裂纹的萌生和扩展影响不明显，侧面无明显裂纹形成；此外岩体的整体变形较大，延性较为明显，破坏由盐岩本身性能控制。

B 中厚夹层型盐岩体

中厚夹层存在的情况下，岩体的轴向和侧向变形均较薄夹层型盐岩体小。夹层相对硬脆，由于要约束盐岩的侧向变形，相当于在界面及其附近受到了盐岩对其的反向等效围压和剪应力作用，夹层的围压作用降低，因此夹层界面中较易先出现裂纹发生破坏。约束作用随着离界面距离增加而减弱，因此，夹层裂纹表现出不规则的锯齿形倾斜裂纹。而盐岩由于受到夹层对其的约束锚固作用，相当于在界面及其附近受到了等效围压和剪应力作用，侧向变形明显减小，破坏强度明显提高。因此，中厚夹层盐岩的破坏均由界面应力状态及夹层性能所控制。夹层越厚，对盐岩的侧向变形约束作用越明显，越易形成宏观裂纹。同时如图 2-11 所示，与单轴压缩试验对比，夹层不同位置的裂纹均为倾斜状，且裂纹宽度明显减小，均表现为剪切破坏形态，但中部的裂纹倾角略小于上部和下部，界面处裂纹偏转也明显减弱，表明围压的存在降低了夹层不同位置破裂形态的差异。

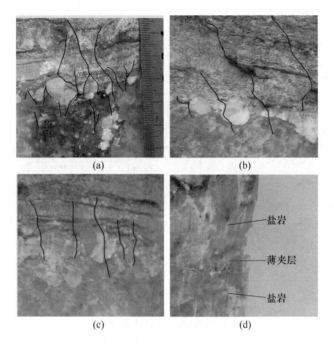

图 2-11 含中厚夹层复合试样不同部位的变形破损模型
（a）底部位置；（b）中部位置；（c）顶部位置；（d）侧面凹痕（薄夹层试样侧面凹痕）

2.3 层状盐岩复合力学模型

2.3.1 力学模型建立

考虑到层状盐岩具有复合岩体的力学特性，界面处复杂的应力变形关系使界面处成为应力应变不协调区域、应力集中现象显著，进而导致裂纹的萌生和扩展，这类裂纹的形态和特性会直接影响到储气库的密闭性和渗透性。所以如何分析界面处的变形及破损特性就成为了复合层状盐岩力学分析的关键问题。由鲜学福等人[33-34]针对由不同物理力学属性交互而成的复合层状岩体，考虑相邻胶结岩层间的协调关系构建了反映层面力学特性的黏结力约束应力表达式。结合该表达式及倾斜层状盐岩体的复合岩体力学特性，采用相同的分析方法，构建了针对倾斜层状盐岩体的层间变形约束作用的层面黏结力表达式。对于大地坐标 $OZ_0X_0Y_0$ 下的倾斜层状盐岩，利用坐标转换求得界面位于局部坐标 $o\text{-}zxy$ 下的界面黏结力表达式（坐标转换关系如图 2-12 所示：x、z 轴绕 y 轴旋转 θ 角度，y 轴固定不变）。

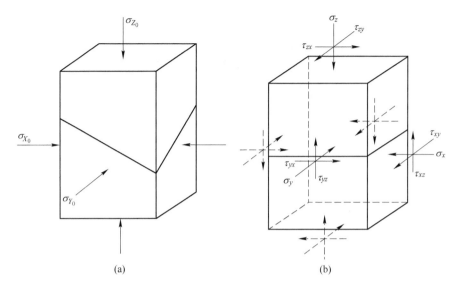

图 2-12　大地坐标与局部坐标下应力状态示意图

（a）大地坐标；（b）局部坐标

大地坐标下的应力矩阵为:

$$\boldsymbol{\sigma} = \begin{bmatrix} \sigma_{Z_0} & 0 & 0 \\ 0 & \sigma_{X_0} & 0 \\ 0 & 0 & \sigma_{Z_0} \end{bmatrix} \tag{2-1}$$

式中, 对角线 3 个量为大地坐标下 Z_0、Y_0、X_0 3 个方向主应力值, 考虑初始应力状态下的主应力按照竖直和水平分布。

大地坐标与局部坐标可通过坐标转换相互转化, 坐标转换的单位矩阵分别为 $\boldsymbol{i}$、$\boldsymbol{j}$、$\boldsymbol{k}$。单位矩阵各分量可表示为:

$$\boldsymbol{i} = (\cos(z,\ Z_0),\ \cos(z,\ X_0),\ \cos(z,\ Y_0)) = (\cos\theta,\ \sin\theta,\ 0)$$

$$\boldsymbol{j} = (\cos(x,\ Z_0),\ \cos(x,\ X_0),\ \cos(x,\ Y_0)) = (-\sin\theta,\ \cos\theta,\ 0)$$

$$\boldsymbol{k} = (\cos(y,\ Z_0),\ \cos(y,\ X_0),\ \cos(y,\ Y_0)) = (0,\ 0,\ 1)$$

用 A 代表夹层, 夹层界面处黏结约束应力为:

$$\boldsymbol{\sigma}_A^* = \begin{bmatrix} \sigma_{zA}^* & \tau_{zxA}^* & \tau_{zyA}^* \\ \tau_{xzA}^* & \sigma_{xA}^* & \tau_{xyA}^* \\ \tau_{yzA}^* & \tau_{yxA}^* & \sigma_{yA}^* \end{bmatrix} \tag{2-2}$$

应力分量形式为:

$$\begin{cases} \boldsymbol{\sigma}_{zA}^* = \boldsymbol{i} \cdot \boldsymbol{\sigma} \cdot \boldsymbol{i}^{\mathrm{T}} \\ \boldsymbol{\sigma}_{xA}^* = -k_1 \boldsymbol{k} \cdot \boldsymbol{\sigma} \cdot \boldsymbol{k}^{\mathrm{T}} + (1 + k_2) \boldsymbol{j} \cdot \boldsymbol{\sigma} \cdot \boldsymbol{j}^{\mathrm{T}} - k_3 \boldsymbol{i} \cdot \boldsymbol{\sigma} \cdot \boldsymbol{i}^{\mathrm{T}} \\ \boldsymbol{\sigma}_{yA}^* = (1 + k_2) \boldsymbol{k} \cdot \boldsymbol{\sigma} \cdot \boldsymbol{k}^{\mathrm{T}} - k_1 \boldsymbol{j} \cdot \boldsymbol{\sigma} \cdot \boldsymbol{j}^{\mathrm{T}} - k_3 \boldsymbol{i} \cdot \boldsymbol{\sigma} \cdot \boldsymbol{i}^{\mathrm{T}} \\ \boldsymbol{\tau}_{zxA}^* = k_4 \boldsymbol{i} \cdot \boldsymbol{\sigma} \cdot \boldsymbol{j}^{\mathrm{T}} \end{cases} \quad (2\text{-}3)$$

用 B 代表盐岩，盐岩界面处黏结约束应力为：

$$\boldsymbol{\sigma}_{\mathrm{B}}^* = \begin{bmatrix} \sigma_{z\mathrm{B}}^* & \tau_{zx\mathrm{B}}^* & \tau_{zy\mathrm{B}}^* \\ \tau_{xz\mathrm{B}}^* & \sigma_{x\mathrm{B}}^* & \tau_{xy\mathrm{B}}^* \\ \tau_{yz\mathrm{B}}^* & \tau_{yx\mathrm{B}}^* & \sigma_{y\mathrm{B}}^* \end{bmatrix} \quad (2\text{-}4)$$

应力分量形式为：

$$\begin{cases} \boldsymbol{\sigma}_{z\mathrm{B}}^* = \boldsymbol{i} \cdot \boldsymbol{\sigma} \cdot \boldsymbol{i}^{\mathrm{T}} \\ \boldsymbol{\sigma}_{x\mathrm{B}}^* = k_1 \boldsymbol{k} \cdot \boldsymbol{\sigma} \cdot \boldsymbol{k}^{\mathrm{T}} + (1 - k_2) \boldsymbol{j} \cdot \boldsymbol{\sigma} \cdot \boldsymbol{j}^{\mathrm{T}} + k_3 \boldsymbol{i} \cdot \boldsymbol{\sigma} \cdot \boldsymbol{i}^{\mathrm{T}} \\ \boldsymbol{\sigma}_{y\mathrm{B}}^* = (1 - k_2) \boldsymbol{k} \cdot \boldsymbol{\sigma} \cdot \boldsymbol{k}^{\mathrm{T}} + k_1 \boldsymbol{j} \cdot \boldsymbol{\sigma} \cdot \boldsymbol{j}^{\mathrm{T}} + k_3 \boldsymbol{i} \cdot \boldsymbol{\sigma} \cdot \boldsymbol{i}^{\mathrm{T}} \\ \boldsymbol{\tau}_{zx\mathrm{B}}^* = k_5 \boldsymbol{i} \cdot \boldsymbol{\sigma} \cdot \boldsymbol{j}^{\mathrm{T}} \end{cases} \quad (2\text{-}5)$$

未列出的应力分量均为零：$\boldsymbol{i}$、$\boldsymbol{j}$、$\boldsymbol{k}$ 分别为关于坐标转换的单位矩阵，5 个材料参数的表达式如下所示：

$$k_1 = \frac{2E_\mathrm{A} E_\mathrm{B} (\mu_\mathrm{B} - \mu_\mathrm{A})}{(E_\mathrm{A} + E_\mathrm{B})^2 - (E_\mathrm{A} \mu_\mathrm{B} + E_\mathrm{B} \mu_\mathrm{A})^2}$$

$$k_2 = \frac{E_\mathrm{A}^2 (1 - \mu_\mathrm{B}^2) - E_\mathrm{B}^2 (1 - \mu_\mathrm{A}^2)}{(E_\mathrm{A} + E_\mathrm{B})^2 - (E_\mathrm{A} \mu_\mathrm{B} + E_\mathrm{B} \mu_\mathrm{A})^2}$$

$$k_3 = \frac{E_\mathrm{A}^2 (\mu_\mathrm{B}^2 + \mu_\mathrm{B}) - E_\mathrm{B}^2 (\mu_\mathrm{A}^2 + \mu_\mathrm{A}) + E_\mathrm{A} E_\mathrm{B} (\mu_\mathrm{B} - \mu_\mathrm{A})}{(E_\mathrm{A} + E_\mathrm{B})^2 - (E_\mathrm{A} \mu_\mathrm{B} + E_\mathrm{B} \mu_\mathrm{A})^2}$$

$$k_4 = \frac{2E_\mathrm{A} (1 + \mu_\mathrm{B})}{E_\mathrm{A} (1 + \mu_\mathrm{B}) + E_\mathrm{B} (1 + \mu_\mathrm{A})}$$

$$k_5 = \frac{2E_\mathrm{B} (1 + \mu_\mathrm{A})}{E_\mathrm{A} (1 + \mu_\mathrm{B}) + E_\mathrm{B} (1 + \mu_\mathrm{A})}$$

式中，E_A、E_B 分别为夹层、盐岩的弹性模量；μ_A、μ_B 分别为夹层、盐岩的泊松比。

需要指出的是，式（2-3）和式（2-5）反映的是岩体界面整体的应力状态，会由于具体试验情况和边界条件，应力状态在局部有所变化，对此不可忽略。

2.3.2 模型结果分析

设夹层与盐岩的弹性模量和泊松比分别为：$E_A = 20.0~\mathrm{GPa}$、$E_B = 9.5~\mathrm{GPa}$、

$\mu_A = 0.18$、$\mu_B = 0.33$，取夹层倾角 $\theta = 20°$。可求得 5 个材料参数为 $k_1 = 0.013$，$k_2 = 0.337$，$k_3 = 0.231$，$k_4 = 1.408$，$k_5 = 0.592$。

在单轴压缩下，在轴压 $\sigma_1 = 10$ MPa，围压 $\sigma_2 = \sigma_3 = 0$ MPa 条件下，利用模型进行求解了局部坐标下的界面夹层中的黏结应力，结果如下：

$$\boldsymbol{\sigma_A}^* = \begin{bmatrix} \sigma_{zA}^* & \tau_{zxA}^* & \tau_{zyA}^* \\ \tau_{xzA}^* & \sigma_{xA}^* & \tau_{xyA}^* \\ \tau_{yzA}^* & \tau_{yxA}^* & \sigma_{yA}^* \end{bmatrix} = \begin{bmatrix} 8.83 & -3.21 & 0 \\ -3.21 & -0.48 & 0 \\ 0 & 0 & -2.05 \end{bmatrix} \tag{2-6}$$

由式（2-6）可知：在局部坐标下，对于夹层界面处，x、y 方向都产生了黏结拉应力，x 方向还出现了剪切应力，因此在夹层界面处极有可能首先萌生拉剪裂纹，进而向上下两端扩展。在 x、y 方向由于 $\sigma_{xA}^* = 0.48$ MPa $< \sigma_{yA}^* = 2.05$ MPa，因此裂纹更容易沿着平行于 zox 平面的方向扩展，与单轴压缩试验结果一致，即平行于 xoz 平面方向的裂纹多于平行于 yoz 平面方向。考虑到具体试验条件和边界条件的差异性，在此试验中试样内夹层上部和下部的侧表面区域，为满足侧表面剪应力为 0 的面力边界条件，τ_{zxA}^* 将迅速衰减为零，与中部剪应力影响较大的情形相比，这两个部位的应力状态近似于水平夹层盐岩体，更易发生劈裂破坏。

在三轴压缩下，在轴压 $\sigma_1 = 15$ MPa，围压 $\sigma_2 = \sigma_3 = 5$ MPa 条件下，利用模型进行求解局部坐标下界面黏结应力，并再将其转换为大地坐标下的应力状态为：

$$\boldsymbol{\sigma_A}^{**} = \begin{bmatrix} \sigma_{Z_0A}^* & \tau_{Z_0X_0A}^* & 0 \\ \tau_{X_0Z_0A}^* & \sigma_{X_0A}^* & 0 \\ 0 & 0 & \sigma_{Y_0A}^* \end{bmatrix} = \begin{bmatrix} 14.84 & 0.47 & 0 \\ 0.47 & 3.70 & 0 \\ 0 & 0 & 3.05 \end{bmatrix} \tag{2-7}$$

$$\boldsymbol{\sigma_B}^{**} = \begin{bmatrix} \sigma_{Z_0B}^* & \tau_{Z_0X_0B}^* & 0 \\ \tau_{X_0Z_0B}^* & \sigma_{X_0B}^* & 0 \\ 0 & 0 & \sigma_{Y_0B}^* \end{bmatrix} = \begin{bmatrix} 15.16 & -0.47 & 0 \\ -0.47 & 6.30 & 0 \\ 0 & 0 & 6.95 \end{bmatrix} \tag{2-8}$$

由式（2-7）和式（2-8）可知，三轴压缩下，在界面处夹层对盐岩的黏结约束作用依然存在，表现为使盐岩的横向围压增加，但其增幅明显小于单轴压缩情形，且黏结应力 y 方向改变程度稍大，这说明围压下 x/y 方向的协调依然是不一致的，且围压作用降低了岩层间的应力差异，这将使得层间变形不协调得到弱化。此外，夹层约束黏结剪应力值较小，即使考虑剪应力的边界条件，也不会造成夹层的三个部位出现较大的应力差异，因此三轴压缩条件下夹层的三个部位的破损差异明显减小。

进一步考虑围压的作用影响，计算了在轴压 $\sigma_1 = 15$ MPa，围压 $\sigma_2 = \sigma_3 = 10$ MPa 条件下的应力状态，以及大地坐标下的应力状态为：

$$\sigma_A^{**} = \begin{bmatrix} \sigma_{Z_0A}^* & \tau_{Z_0X_0A}^* & 0 \\ \tau_{X_0Z_0A}^* & \sigma_{X_0A}^* & 0 \\ 0 & 0 & \sigma_{Y_0A}^* \end{bmatrix} = \begin{bmatrix} 14.95 & 0.16 & 0 \\ 0.16 & 9.58 & 0 \\ 0 & 0 & 9.28 \end{bmatrix} \quad (2\text{-}9)$$

$$\sigma_B^{**} = \begin{bmatrix} \sigma_{Z_0B}^* & \tau_{Z_0X_0B}^* & 0 \\ \tau_{X_0Z_0B}^* & \sigma_{X_0B}^* & 0 \\ 0 & 0 & \sigma_{Y_0B}^* \end{bmatrix} = \begin{bmatrix} 15.05 & -0.16 & 0 \\ -0.16 & 10.42 & 0 \\ 0 & 0 & 10.72 \end{bmatrix} \quad (2\text{-}10)$$

可见，随围压的增加，盐岩与夹层的应力差异减小，界面变形不协调程度进一步弱化。可预见的是，随着围压进一步增加，盐岩与夹层的应力差异及夹层不同部位破损形态的差异将进一步减小。这为现场储气库的建设提供了有力的支撑。由于深部储气库围岩都是处于三向应力状态，且夹层不同部位会造成应力状态的差异，优选应力状态改变最小、夹层各部位应力差异最小的腔体形状，有利于提高储气库的稳定性和密闭性。

2.4　本　章　小　结

本章主要针对我国层状盐岩的特性进行讲述，重点探究了层状盐岩的复合力学特性，以及建立相关力学模型进一步探讨了层状盐岩复合材料力学性质。主要包括三个方面：（1）由于层状盐岩的特性受盐岩与夹层界面特性控制，因此从宏观及微观的角度，观察测试了层状盐岩的基本特性；（2）通过单轴压缩试验、三轴压缩试验进行试样的力学性能测试，通过试验力学分析，全面分析探讨了层状盐岩复合材料的界面破坏规律及其力学性能；（3）根据复合岩体的界面力学特性所建立的黏结力约束应力表达式，结合层状盐岩复合材料的基本特性，构建了层状盐岩复合力学模型，同时利用模型对试验结果进行了分析。

3 层状盐岩地层孔渗特性

3.1 层状盐岩细观结构

盐岩是国际上公认的良好的天然气储存介质[35-37]，其重要的原因在于它的结构致密、孔隙度小，从而具有非常低的渗透特性。我国的层状盐岩与国外盐丘构造有所区别[38-39]，层状盐岩中由于含有非盐盖层、夹层这类岩层，其封闭性能可能不及盐丘型盐岩，而密闭性又是储气库建设的关键[40-42]，故要对层状盐岩的盖/夹层的渗透特性开展对应的研究。由于岩石内部含有的结构面、微节理、骨架孔隙等都存在一定的渗透性能，探究其渗透特性，首先就是要从细观角度去观察层状盐岩的结构，只有在对层状盐岩细观结构上有所了解，才能更好地分析其渗透机理。

岩石的物理力学特性取决于其矿物组成及内在结构[43]，为了深入研究盖/夹层的低渗透特性及矿物成分之间的微观结构，开展了电镜扫描试验，关于观察的试验试样，选取了相应盐岩的盖层试样、夹层-1 试样、夹层-2 试样及界面试样进行微观结构的观察，如图 3-1 所示。

选取了 SEM 典型照片进行观察分析。从图 3-1（a）可见盖层的细观结构非常致密，基本上不存在任何裂隙，明显可见花瓣状钙芒硝晶粒存在，在晶粒晶界处可能存在少量微裂隙，同时可见少许黏土矿物。在分辨率为 50 μm（放大 1000倍）的图片下，在黏土矿物区可发现一些微小的零星孔洞；而在钙芒硝晶粒晶界则含有一些扁长裂隙。图 3-1（a）显示盖层微观裂纹形状较为复杂，大部分呈狭长、扁平状，仅有很小一部分呈孔洞状。这从微观角度给出了盖层具有密实结构从而渗透性能极低的内在原因。

对于夹层-1 和夹层-2，如图 3-1（b）和（c）所示，其微观结构与盖层相近，但其微观孔隙形态更为复杂。图中极为细小的黏土矿物颗粒充填于大颗粒（石英、长石等）之间，几乎无残留孔隙空间。夹层的微观结构显得比盖层更加致密，这可能与夹层所处深度更大、固结成岩作用更强且上覆压力更大等有关。夹层-2 的微观结构最为致密，正因此其渗透性能会更低。

图 3-1（d）所示为界面试样（盐岩-夹层），可见在微观尺度界面不是一个平面，而是一个由泥岩与盐岩组成的锯齿状区域。在盐岩一侧，无任何孔隙存在

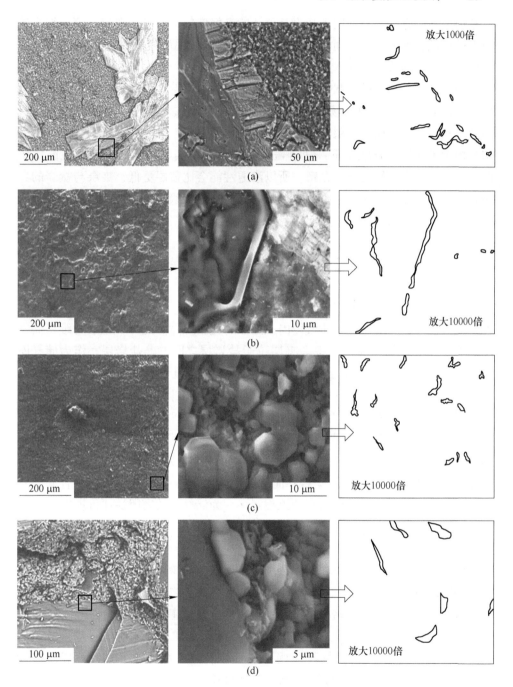

图 3-1　电镜扫描图及试样内部孔隙示意图

（a）盖层试样；（b）夹层-1 试样；（c）夹层-2 试样；（d）界面试样

且结构平整完好，这也证明了盐岩是公认的良好储气介质；在泥岩一侧，细小的黏土矿物颗粒紧密充填界面。在泥岩一侧仍有一些残留孔隙存在，但孔隙之间相互孤立，无法形成连通的渗透空间。

综上所述，我国的层状盐岩具有复合材料的力学特性及渗透特性，由于纯盐岩是公认的油气介质储存场所[44-45]，因此我们考虑这类复合材料的渗透特性，主要是从盖层、夹层、夹层与盐岩界面中进行渗透特性的分析，从细微观的角度初步揭示了初始原岩状态下，盐岩盖层由于具有密实结构因此其渗透性能比较低；盐岩夹层微观结构最为致密，所以渗透性能会比盖层更低，夹层与盐岩的界面处也具有一定的密闭性，因此初步判断这类复合层状盐岩在微观结构上具有致密、低渗透的特点。

3.2 夹层与盖层孔渗特性

盖层为储气库上覆岩层，作为储气库的垂向防护，由于天然气密度小具有向上扩散的性质，盖层则是防止气体向上逸散的直接屏障。此外，盖层对维持储气库的稳定性也有重要影响[46-47]。夹层位于盐岩层之间的非盐岩层，作为储气库的横向防护[48]。盖层及夹层都是非盐岩层，其孔隙度和渗透率一般都表现得高于盐岩，储气库对围岩的气密性要求非常高，因此要针对夹层与盖层的渗透特性进行深入研究，并判断它们的密闭性能。

针对金坛盐矿泥岩盖层、夹层进行了相关的渗透率测试试验，获取了相关的渗透率范围和变化规律，并对其密闭性给出了评价；为了对盖层/夹层结果作出对比，同时选取了泥岩夹层-盐岩界面、泥-盐过渡体一同开展试验；结合储气库实况，阐述了渗透特性演化机理的工程意义，为储气库的密闭性评价提供参考。

3.2.1 渗透测试试验方法

渗透特性主要是通过材料的渗透率进行反映，而渗透率是反映岩体本身组构特性的物理量，需要通过试验测试才能获取。在试验之前，要针对层状盐岩复合材料特性，选用合适的渗透率测试方法，常用的渗透率测试方法有[49]：

（1）稳态气测法。稳态气测法是在岩芯两端施加一流体压差，待渗流达到稳定流动时，测定流量与时间，如图 3-2 所示，并采用达西公式计算岩芯渗透率，对于低渗介质该方法达到稳态所需时间极长。

（2）周期加载法。周期加载法是在岩芯一端施加随时间正弦变化的孔隙流体压强，测试岩芯另一端在此周期加载下的流体压强的变化，进行换算求其渗透率。

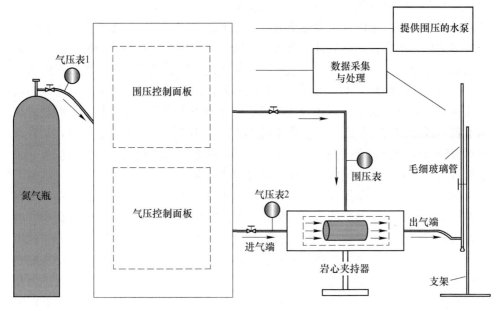

图 3-2 稳态气测法示意图

（3）瞬态气测法。瞬态气测法利用气压在孔隙介质中的衰减规律计算渗透率，如图 3-3 所示，测试前将岩芯放于上、下压力室之间，并在上、下压力室同

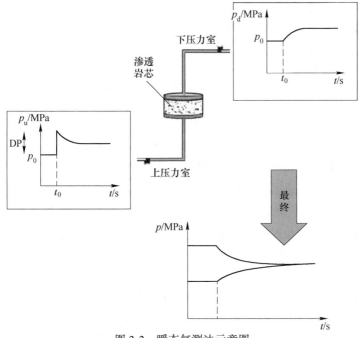

图 3-3 瞬态气测法示意图

时施加相等的恒定气压，然后给上压力室施加一个脉冲压强。在压差作用下气体产生渗透，上压力室的气压会逐渐衰减，而下压力室的气压会逐渐上升，直到两端压强达到新的平衡，然后计算渗透率。由于无须等待渗流场达到稳态，因此耗时远远短于稳态法，且测量精度较高，非常适用于致密低渗岩石的渗透率测试。

这里要考虑的是，由于泥质岩不及盐岩致密，孔隙度比盐岩大，其表现出的渗透率也一般高于盐岩，因此对这类泥岩试样均采用稳态法进行测试；而盐岩在未有损伤或压缩密实状态下，渗透率低至 $10^{-22} \sim 10^{-21}$ m^2，流动趋于静止，常规测试方法及仪器很难准确测出其渗透率，根据瞬态气测法精度高的独特优点，采用该方法对盐岩、复合层状盐岩体的渗透率进行测试。

同时要注意的是采用气体对盐岩、泥岩等低渗透介质开展测试时，将会出现一些异于常规渗透的特殊的物理现象，比如滑脱效应（气体在岩石孔隙介质中的低速渗流特性不同于液体，气体在岩石孔道壁处不产生吸附薄层，气体分子的流速在孔道中心和孔道壁处无明显差别，这种管壁处流速不为零的微观运动从宏观上称为气体渗流的滑脱效应），气体分子由于在孔径壁处的流速不为零，进而使得气测渗透率高于液测渗透率，当孔径尺寸与分子自由程接近时，这一微观机制就易表现出来，只有当气压相对较高时，滑脱效应的影响才会逐渐变弱，所以采用气测法时，一般需要对渗透率采用 Klinkenberg 公式进行修正。盐岩骨架致密，孔隙结构尺寸非常小，致使滑脱效应不可忽略，需要进行修正，修正后的克氏渗透率 K 要小于其气测渗透率 K_g。

3.2.2　夹层与盖层孔渗特性研究

针对我国的复合层状盐岩的组构特点，选取了金坛盐矿区的灰质泥岩夹层、平顶山盐矿区的硬石膏泥岩夹层、淮安盐矿区的含盐泥岩夹层开展渗透测试试验。这 3 种夹层为我国层状盐岩中最为常见的夹层类型，其中金坛盐矿在我国储气库拟选址中具有较好的代表性，所以金坛盐矿夹层与盖层对于同类盐矿区的储库可行性研究具有较好的参考价值，针对这类盖层与夹层介质，设计加工选用了 8 块试样开展测试，如图 3-4 所示为其中 4 块典型待测试样。

泥岩遇水膨胀，盐类矿物易溶于水，为排除水对试样的影响，因此采用氮气（N$_2$）作为渗流介质。测试采用"稳态气测法"，待渗流稳定后再开始测试（通过"入口压强表"来反映）。该方法测到过的渗透率最低值，达 $10^{-5} \sim 10^{-4}$ mD（$10^{-20} \sim 10^{-19}$ m^2），基本满足测试要求。

随着造腔的推进及注、采循环作业，围岩中将出现不同的应力状态，为了正确评价围岩中的夹层在不同运行状态下的渗透特性演化规律，测试中设定了不同的入口压强和静水压力状态（常规测试中环向压强须高于入口压强，用于防止气体侧窜）。气体入口压强为 0.4 ~ 1.0 MPa（0.4 MPa、0.6 MPa、0.8 MPa、

图 3-4 代表性试样

（a）盖层试样（1-21）；（b）界面试样（2-4）；（c）夹层 1 试样（2-4-2）；（d）夹层 2 试样（3-17-2）

1.0 MPa，共四级）；静水压力范围为 2.5~10.0 MPa（个别达到 12.5 MPa）。测试中发现静水压力达到 10.0 MPa 或 12.5 MPa 时，灰色泥岩、硬石膏泥岩的渗透率已经低至 10^{-5} mD，达到稳态法测试精度极限，因此未进行更高静水压力的试验。同时发现入口压强对渗透率的影响远不及静水压力的影响，且当入口压强达到 0.6~1.0 MPa 时，渗透率的差别不明显，故对部分试样仅设定了一级入口压强 1.0 MPa，统一渗透率单位为 mD（1 mD = 10^{-15} m^2）。

测试结果分析入口压强在 0.4~1.0 MPa 范围内，静水压力在 2.5~10.0 MPa 范围内变化时，盖层试样的渗透率变化范围为 1.26×10^{-5} ~ 6.23×10^{-3} mD，属于极低渗透的范围，即使采用天然气盖层的评价标准，也被认为是密封性较好的盖层。因此，可认为金坛盖层满足储库的密闭性要求。对比发现下部夹层的渗透率比上部的略低，这可能是因为下部夹层埋深更大、固结程度更高，岩芯更密实的缘故。同时还发现，当静水压力在 2.5~6 MPa 内时，夹层渗透率下降极为迅速；超过该范围时渗透率就已经达到较低数值，且此后下降极为缓慢直至趋于恒定。静水压力似乎存在一个可导致渗透率突变的"临界压强"值。此外，入口压强越高渗透率越低，但它对渗透率的影响远远小于静水压力的影响，且当入口压强越高时，同等测试条件下渗透率的差异也越微小。图 3-5 所示为金坛盐矿区 4 个典型试样的静水压力-渗透率关系曲线。

盐穴储气库的围岩均处于一定变化的压强条件下，为了更真实地反映夹层在地层中的渗透特性，必须考虑不同的应力状态对渗透率的影响。前文分析表明，渗透率随静水压力的增加而相应降低，两者表现出高度的非线性，分析发现其关系基本可以用式（3-1）进行拟合：

$$K = A \cdot p^{-B} \tag{3-1}$$

式中，K 为渗透率，m^2；p 为测试中设置的静水压力，MPa；A、B 为与岩芯相关

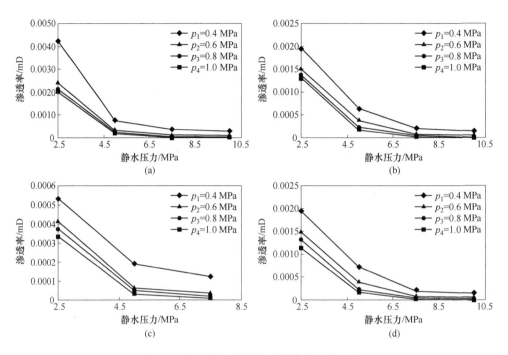

图 3-5 金坛盐矿区夹层试样渗透测试结果

(a) 盖层渗透测试结果；(b) 2-4-1（泥-盐混合体 1）；(c) 3-17-1（夹层 1）；(d) 3-17-2（夹层 2）

的常数，由试验确定。

以盖层和泥-盐混合体试样为例对渗透率与静水压力的关系进行了拟合，同时给出了相应的幂函数拟合公式，拟合结果如图 3-6 所示。

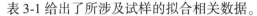

表 3-1 给出了所涉及试样的拟合相关数据。

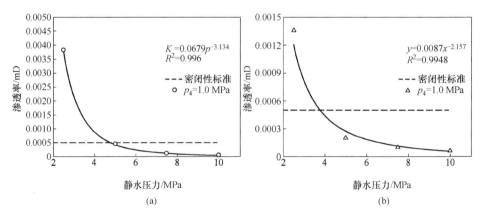

图 3-6 渗透率与静水压力拟合曲线（虚线为低渗标准线，数值为 5×10^{-4} mD）

(a) 试样 1-23（盖层）；(b) 试样 2-4-2（夹层 1）

表 3-1 渗透率与静水压力拟合参数统计

编号	参数 A	参数 B	相关系数 R^2	层位	入口压强 /MPa	压密临界 压强/MPa
1-20	698.56	2.901	0.981	盖层	1.0	5.49
1-21	678.88	3.134	0.989	盖层	1.0	4.8
1-22	541.93	3.213	0.973	盖层	1.0	4.3
1-23	316.12	3.073	0.979	盖层	1.0	3.85
2-4-1	337.54	2.523	0.972	泥-盐混合体 1	1.0	5.3
2-4-2	86.776	2.157	0.977	泥-盐混合体 2	1.0	3.75
3-17-1	177.64	2.698	0.984	夹层 1	1.0	3.75
3-17-2	254.4	3.294	0.994	夹层 2	1.0	3.3
3-23-1	428.95	2.872	0.990	夹层 3	1.0	4.7

3.2.3 泥岩压密机制探讨

静水压力对渗透率的影响在本质上反映的是岩石内在骨架及孔隙的连通网络对外荷载的响应。当岩芯从地下深处套钻取出后，由于地应力释放、钻探扰动、试样加工等极有可能导致岩芯内部微裂纹张开。因此在较低静水压力下测得的渗透率自然比在较高静水压力下的值要高。

但是，这显然与岩石所处真实地质条件不同。通常情况下，储气库的运行气压范围常常设为围岩上覆压强的 30%～80%[50-51]，这种条件下围岩中的最小主应力仍然比试验中的静水压力值要高许多。因此为了更准确地表述围岩渗透特性，在较低静水压力条件下测得的渗透率更适合表征腔壁附近围岩的渗透特性，因为这部分区域的围岩受到扰动和损伤最大，这一特性从渗透率对静水压力的关系可以看出。测试中，静水压力值越接近实际地层压强值，所测得的渗透率就越具有代表性。

测试试样均为泥岩，其孔隙度范围为 5%～12%。随着静水压力增加，岩石内部结构被压缩得更加致密，其结果就是导致孔隙尺寸和孔隙体积的缩小。很显然，大孔隙、大裂隙为主要渗透通道，对渗透率的数值起主要作用。当受到外力加载时，大孔隙、大裂隙必然首先压缩闭合。随后，在静水压力加载的初始阶段，渗透率也相应地快速下降。然而，对于任何一种孔隙介质而言，其压密程度总是有限的，当压密作用达到其极限时，即使增加压强也仅仅引起裂纹面之间的相互挤压或者导致新的损伤产生，但却无法缩减孔隙体积及裂隙张开度。很显然在低静水压力值加载作用阶段，压密效果还是非常快速有效，其直接结果就是导致渗透率随水压力增加而快速下降；而随着静水压力的持续升高，进一步压密的效果就显得非常缓慢，相应的，渗透率的下降也表现非常平缓。

复合层状盐岩的盖层与夹层在微观层面上都具有密实结构，很多微小的孔隙和裂隙尺度都比较小，而且相对孤立，这也从微观角度证明了为什么盖层与夹层具有低渗透率以及较低的渗透性能。为了更好地了解在静水压力条件下泥岩压密机制，力学机理角度探究是不可忽视的，对于揭示压密机制具有重要意义。对岩体渗透率影响的因素众多，其中最为重要的是孔隙形态和尺寸。因此，探明泥岩内部孔隙形态、尺寸及其在受力作用下的演化规律，是解释渗透演化规律的关键。孔隙结构分析使用最为广泛的是球形模型和圆盘形模型，其主要区别在于纵横比不同，其中球形模型常用于渗透较高的介质，而后者则常用于低渗介质，该模型能很好地解释外力与孔隙形态及尺寸之间的关系。

对某含有圆盘形裂纹岩体，假定单位体积 V 内其中所含圆盘孔隙数量为 N，并假定每个圆盘裂纹具有相同半轴尺寸，分别为 a、a 和 α，其中 α 为裂纹宽度与长度比值，称为纵横比，如图 3-7 所示。

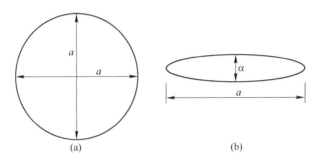

图 3-7 圆盘裂纹示意图

(a) 裂纹的水平方向横截面图；(b) 裂纹的竖直方向截面图

由此，岩石单位体积 V 的孔隙度可表示为：

$$\varphi = \frac{V_C}{V} = \frac{N \cdot \frac{4\pi}{3} \alpha a^3}{V} = \alpha \frac{4 N \pi a^3}{3V} \tag{3-2}$$

式中，φ 为裂隙度；V_C 为裂隙总体积；V 为岩石总体积。

采用式 (3-2) 对压强作微分，可得：

$$\frac{d\varphi}{dp} = \frac{4 N \pi a^3}{3V} \frac{d\alpha}{dp} \tag{3-3}$$

式中，p 为岩石所受的静水压力。

对孔隙岩体，Walsh[52] 给出了两个有关有效压缩系数 β_{eff} 与基质压缩系数 β_S、压强 p 及 φ 的关系式：

$$\beta_{eff} = \beta_S - \frac{d\varphi}{dp} \tag{3-4}$$

$$\beta_{\mathrm{eff}} = \beta_{\mathrm{S}} \left[1 + \frac{16(1 - \nu_{\mathrm{S}}^2)}{9(1 - 2\nu_{\mathrm{S}})} \right] \frac{Na^3}{V} \tag{3-5}$$

岩石基质压缩系数 β_{S} 定义为体积模量 K_{S} 的倒数:

$$\beta_{\mathrm{S}} = \frac{1}{K_{\mathrm{S}}} = \frac{3(1 - 2\nu_{\mathrm{S}})}{E_{\mathrm{S}}} \tag{3-6}$$

式中, K_{S} 为岩石的体积模量; ν_{S} 为岩石基质的泊松比; E_{S} 为岩石弹性模量。

联立式 (3-2) 和式 (3-5) 可得:

$$\frac{\mathrm{d}\varphi}{\mathrm{d}p} = -\beta_{\mathrm{S}} \frac{16(1 - \nu_{\mathrm{S}}^2)}{9(1 - 2\nu_{\mathrm{S}})} \frac{\mathrm{d}\alpha}{\mathrm{d}p} \tag{3-7}$$

然后联立式 (3-3)~式 (3-7), 积分可得:

$$\alpha = \alpha_0 - \frac{4p(1 - \nu_{\mathrm{S}}^2)}{\pi E_{\mathrm{S}}} \tag{3-8}$$

式中, α_0 为压强 $p = 0$ 的初始纵横比; $\alpha = 0$ 则对应于裂纹完全闭合状态, 相应的压强定义为闭合压强 p_{close}, 其表达式为:

$$p_{\mathrm{close}} = \frac{\pi E_{\mathrm{S}}}{4(1 - \nu_{\mathrm{S}}^2)} \alpha_0 \tag{3-9}$$

从式 (3-8) 和式 (3-9) 可见, α 的值取决于 α_0、p 及 E_{S} 的值, 而由于泊松比的变化范围非常小, 其对 α 的影响小到可以忽略。一般地, 对于圆盘裂纹, 如泥岩、黏土岩等, 其初始纵横比的范围为 0.01~0.001, 甚至更小, 因此裂纹就极易受压闭合。当压强达到几十兆帕时, 大部分裂纹已经闭合。至此, 即便仍有一些裂纹处于张开状态, 但其尺寸已经小到能产生很高的毛细管压力, 仍然能够有效阻止流体从中通过。当主要裂纹闭合之后, 渗透率便相应地迅速下降至极低数值。

此外孔隙介质内部的渗透率通道主要通过裂纹狭小处的喉道相连, 因此喉道也是影响渗透特性的另一重要参数。受压后, 由于在喉道部位裂纹纵横比的值最小, 喉道是最先闭合的部位, 这就导致了裂纹网的连通度下降进而引起渗透率的下降。

3.3 不同类型盐岩孔渗特性

我国适用于造腔的盐岩均为湖相沉积构造, 盐岩中一般含有较多的杂质, 属于复合层状盐岩, 其物理力学性质与纯盐岩具有显著的差异。通过选取两种具有代表性的盐岩 (岩芯取自金坛近 1000 m 深处): 低杂质盐岩和高杂质盐岩, 进行不同组分盐岩渗透特性研究。如图 3-8 所示, salt-3 为透明晶体状, 晶粒大小 5~12 mm, 晶界分明, 局部灰黑色为泥岩杂质, 杂质含量小于 5%; salt-4 为灰黑色，盐岩晶粒 5 mm 左右，局部为钙芒硝、泥岩类杂质，呈团块状和带状分布，杂质含量约为 25%。

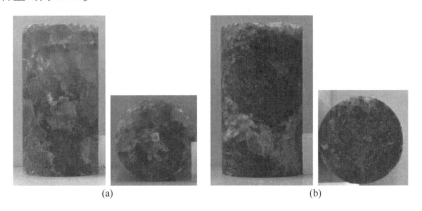

（a）　　　　　　　　　　　　（b）

图 3-8　低杂质盐岩与高杂质盐岩典型试样

（a）salt-3；（b）salt-4

3.3.1　低含泥盐岩孔渗特性分析

3.3.1.1　测试结果

低含泥盐岩的渗透率测试结果表明，初始阶段（静水压力 5 MPa，测试 2 次）盐岩的渗透率高达 10^{-16} m^2，而随着静水压力增加到 20 MPa 时则已降低为原来的 2/5。当偏应力达到 20 MPa 时，渗透率就已超出测量精度（10^{-21} m^2），整个加载过程中渗透率的下降不少于 5 个量级。偏应力作用下测试结束后，再次测量静水压力为 5 MPa 和 20 MPa 时的试样渗透率，结果均小于偏应力作用前的水平，且已超过设备测量精度。典型低含泥盐岩渗透率测试结果及曲线分别见表 3-2 和图 3-9。在图 3-9 中，测试步数超过 4 步时，渗透率已经低于仪器精度下限，未测出数据，用横线表示。

表 3-2　典型低含泥盐岩渗透率测试结果（salt-3）

围压/MPa	偏应力/MPa	轴向应变/%	体应变/%	渗透率/m^2	备　注
5	0	—	—	$1.46×10^{-16}$	初始状态
				$1.47×10^{-16}$	
20	0	—	—	$6.00×10^{-17}$	逐渐增加偏应力状态
20	10	0.286	−0.090	$1.29×10^{-17}$	
20	20	0.677	−0.232	$<10^{-21}$	
20	30	2.317	−0.617	$<10^{-21}$	
20	40	6.508	−1.019	$<10^{-21}$	

续表 3-2

围压/MPa	偏应力/MPa	轴向应变/%	体应变/%	渗透率/m²	备 注
20	0	—	—	<10⁻²¹	测试结束状态
5	0	—	—	<10⁻²¹	

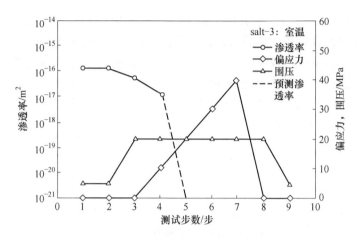

图 3-9 典型低含泥盐岩渗透率测试结果曲线

3.3.1.2 低渗透演化规律

在初始阶段盐岩的渗透率高达 10^{-16} m²，但如此高的渗透率对于油气储集层，一般也只能算作低渗油藏，而作为储气库围岩则极难满足密闭性要求，充分说明盐岩的损伤极其严重。随着加载时间和静水压力的增加，张开和错动的晶界得到充分的压实闭合，盐岩渗透率呈逐渐降低趋势。在围压 20 MPa、偏应力10 MPa 时，其渗透率已经低至 $1.29×10^{-17}$ m²，下降了 1 个数量级；而在偏应力超过 10 MPa 后，渗透率便已超出了测量精度（10^{-21} m²），表现出不渗透的优良特性。这表明，当偏应力达到 10 MPa 后，对渗透起决定作用的那些连通的裂隙已经闭合或相互孤立，且盐岩结构也变得更为密实，进而导致渗透在岩芯中几乎不发生。在卸载阶段，当卸去偏应力，仅保留 5 MPa 的较低静水压力时，盐岩仍表现出不渗状态（<10^{-21} m²），该值仍比最初加载时 5 MPa 静水压力下的渗透率低 5 个数量级以上。

从整个应力路径下的渗透率测试结果中可得出两个重要结论：盐岩的损伤对渗透特性将造成重要破坏，使其渗透率增加近 5 个数量级，极大地降低了盐岩的密闭性能。但加压可促使损伤裂隙闭合或连通中断，促使盐岩孔隙度减小、结构致密特性恢复，从而恢复低渗特性。损伤盐岩的压缩属于典型的不可逆变形、具有非弹性和变形恢复迟滞效应。因此即使卸去压强，渗透率也并未回到损伤前的高值状态。卸载后，应变恢复过程远滞后于应力，试样短期内难以恢复到损伤时的状态，即短期不会出现渗透率激增的情形。这对工程是极为重要的，意味着储气库运行期间，若不得不紧急采气时，仅从密闭性角度而言，由于盐岩良好的应变滞后性，围岩的渗透率短期内可能不会出现急剧升高的现象。即便如此，该过程仍必须严格控制采气周期并及时注气升压。

3.3.1.3　低渗特征

偏应力在 10~40 MPa 变化时，渗透率均低于 10^{-21} m^2，盐岩表现出几乎不渗透的优良性质，含有较少杂质时，盐岩的低渗特性并未受到显著影响。与以往研究不同的是，当偏应力较高时（30~40 MPa），盐岩并未出现预想的渗透率激增突变现象，即盐岩的应力状态还没有进入扩容区。这从表 3-2 中的体应变也可见，即便处于 40 MPa 的较高偏应力时，试样的体应变 ε_V 仍然处于下降状态（压缩）。该特性对于确保深部盐岩储气库围岩的密闭性是极为有利的。

3.3.2　高含泥盐岩孔渗特性分析

3.3.2.1　测试结果

高含泥盐岩的渗透率测试结果表明，初始阶段（静水压力 5 MPa）盐岩的渗透率高达 10^{-15} m^2（高出低含泥盐岩 1 个数量级），而静水压力增大到 20 MPa 时便下降了约 99.8%，而相同条件下再次测试时，渗透率反而又升高了近 6 倍。此后，随着偏应力增加，渗透率逐渐下降，但基本维持在 10^{-19} m^2 数量级。整个加载过程中渗透率下降近 4 个数量级。偏应力作用下测试结束后，静水压力分别为 5 MPa 和 20 MPa 时再次测得的渗透率结果同样低于偏应力作用前的水平。典型高含泥盐岩渗透率测试结果及曲线分别如表 3-3 和图 3-10 所示。

表 3-3　典型高含泥盐岩渗透率测试结果（salt-4）

围压/MPa	偏应力/MPa	轴向应变/%	体应变/%	渗透率/m^2	备　注
5	0	—	—	1.11×10^{-15}	初始状态
20	0	—	—	2.02×10^{-18}	逐渐增加偏应力状态
20	0	—	—	1.16×10^{-17}	
20	10	0.219	-0.0549	3.55×10^{-18}	
20	10	0.381	—	1.80×10^{-18}	
20	20	0.656	-0.0465	2.92×10^{-19}	
20	30	1.404	-0.1400	3.93×10^{-19}	
20	40	3.017	-0.4210	4.24×10^{-19}	
20	0	—	—	4.02×10^{-19}	测试结束状态
5	0	—	—	8.19×10^{-19}	

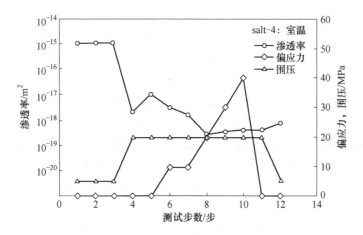

图 3-10 典型高含泥盐岩渗透率测试结果曲线

3.3.2.2 低渗透演化规律

高含泥盐岩对压缩的敏感性也较为明显，当静水压力为 5 MPa 时，盐岩的渗透率高达 $1.11×10^{-15}$ m^2，密封性能极差；而当静水压力达到 20 MPa 时，渗透率就低至 $2.02×10^{-18}$ m^2，渗透率下降了近 99.8%，说明静水压力作用可有效促使岩芯内部裂隙压密、闭合，进而使岩芯恢复其低渗特性。当进入偏应力状态加载时，渗透率随偏应力的增加先较快降低而后缓慢升高，且基本维持在 10^{-19} m^2 数量级；在卸载阶段，静水压力为 20 MPa 时，渗透率仍低至 $4.02×10^{-19}$ m^2，未出现明显变化；但当静水压力低至 5 MPa 时，渗透率的值却有所升高（升至 $8.19×10^{-19}$ m^2）。

从表 3-3 中盐岩的渗透率演化关系可看出，高含泥盐岩对压强的敏感性更强，在静水压力从 5~20 MPa 这一过程渗透率下降达 99.8%（低含泥盐岩仅下降 60%）。渗透率的下降主要是因为裂隙闭合、喉道减少，进而使气体渗透空间减小所致。杂质含量高的盐岩在应力释放、制样时产生的损伤程度应高于杂质含量低的盐岩，产生的碎裂也更为严重，进而表现出更高的损伤渗透率。因此，在静水压力下的压密敏感性也更为强烈。从细观角度而言，泥质颗粒细小，一般随机分布于盐岩晶界之间。含杂质多时，极有可能改变晶界的物理力学性能，一定程度上降低了盐岩晶界间的压实重结晶性能。从表 3-3 中岩芯卸载时渗透率不同表现也可以看出：高含泥盐岩的渗透率有所升高，说明闭合的裂纹中又有部分重新张开。可判断为，杂质含量越高的盐岩，其弹性后效性质也越低。因此要确保其渗透率维持在较低数值，杂质盐岩地层盐穴储气库采用高于纯盐岩地层时的运行压强是有必要的。

3.3.2.3 低渗特征

高含泥盐岩的渗透率在损伤严重条件下高达 10^{-15} m^2，但压缩下渗透率的下降极为迅速，渗透率较快就达到 10^{-18} m²。当偏应力在 $0\sim20$ MPa 内变化时，随偏应力的增加，渗透率也迅速下降；偏应力在 $20\sim40$ MPa 内变化时，渗透率随偏应力的增加反而呈小幅度增加，这可能是由于压实效应与新损伤产生同时作用的结果。当偏应力达到 40 MPa 时，渗透率仍未发生突然增加，即未出现扩容现象。从表 3-3 中体应变可以看出，偏应力达到 40 MPa 时，体应变仍处于缓慢下降过程，即岩芯还处于进一步压缩过程之中。高含泥盐岩的渗透率比低含泥盐岩的渗透率高 $1\sim2$ 个数量级，说明杂质的存在对渗透率可能产生不利的影响。这可能是由于杂质的存在一方面改变了盐岩晶界性质，使裂纹完全压缩闭合压密效果的难度加大；另一方面杂质本身发生的脆性破坏使岩芯内部产生了更多微裂隙。

高含泥盐岩的渗透率高出低含泥盐岩较多，且压缩密实性能也不及后者。对比表 3-2 和表 3-3 发现，当达到相同偏应力时，低含泥盐岩的轴向应变（6.5%）远大于高含泥盐岩（3%），即后者变形能力更差，性能偏于硬脆。从渗透演化规律而言，两种岩芯的渗透率均满足储气库运行的密闭性要求，且纯度（更低渗透率）越高的盐岩越好。然而，低含泥盐岩的变形速率明显高于高含泥盐岩，对应腔体的体积收缩速率也较快，稳定性和安全性必然受到一定的影响。腔体应该避免出现过快的蠕变速率和过大的体积收缩，由此可见，高含泥盐岩未必是不利地层。

3.4　本章小结

本章主要针对层状盐岩地层孔渗特性进行了相关研究，重点分析了层状盐岩不同层间的渗透特性，包括夹层与盖层的渗透特性及组构类型不同的盐岩渗透特性，通过一系列试验测试结果对孔渗特性及渗透规律进行了分析和总结。具体阐明了三个方面：（1）从细微观角度，通过电镜扫描试验的细微观照片，展示了盐岩在储气库建设方面的具有良好气密性的证据；（2）通过一系列的渗透率气测法，针对盐岩盖层与夹层试验进行相关试验，进一步分析与讨论试样渗透率结构及泥岩压密机理；（3）根据层状盐岩中的不同泥岩杂质含量不同，将层状盐岩分为低含泥盐岩和高含泥盐岩，针对该两种盐岩材料进一步地分析了它们的孔渗特性。本章从细微观角度以及层状盐岩不同岩层渗透特性探究出发，为储气库密闭性评估提供了有力的参考。

4 盐穴储库稳定性评价

利用盐穴进行石油、天然气、压缩空气存储已经成为国际上通用的能源存储方式，在我国也得到较为广泛的推广和应用[53]。石油和天然气存储用的盐穴体积一般可以到达几十万甚至上百万立方米，运行时间长达 30~50 年[54]，如何确保储库长期稳定运行至关重要。

4.1 不同盐穴储库运行特征

4.1.1 盐穴储气运行特征

采用地下盐穴作为压缩空气储能系统的储气库具有诸多优点[55]：

（1）建设成本低。盐穴储气的压缩空气储能发电系统储气的成本为 6~10 美元/（kW·h），其投资大约只相当于地面压力容器库的 1/10。

（2）占地面积小。盐穴储气库的地面设备简单，占地面积小。例如，建设容积为 $3×10^5$ m^3 盐穴储气库，其地面井口装置占地不超过 100 m^2；对比而言，储气量 $5×10^4$ m^3 的地面压力容器储气库，需占地 $8×10^4$ m^2 左右。

（3）技术成熟。作为一种常规大容量的储气技术，盐穴造腔技术十分成熟，且施工方法简单可靠。此外，可以较为精确地控制盐穴的构造形状，以满足高储气压强对于盐穴储气库结构稳定性的要求。

（4）密封性好。盐岩具有非常低的渗透率与良好的蠕变特性，能够保证储存溶腔的密闭性，盐穴储气泄漏量仅为总储气量的 10^{-6}~10^{-5}。

（5）储气压强高。盐穴储气库深埋于地下数百米至上千米，可以承受较高的储气压强。

（6）安全稳定。盐岩的力学性能稳定，具有损伤自我修复功能，能够适应储存压强的交替变化。

气藏型、含水层型及油藏型地下储气库一般按照每年注采气循环一次设计，用气高峰期采气，用气低谷期注气，基本需要 70~200 天注气，最大采气量约等于实际工作气量。而盐穴地下储气库一般按照每年多周期注采进行设计[56]，平衡期短，注采气量大于设计工作气量，注采模式可以灵活切换，操作机动性强，几乎不受其他因素限制。金坛储气库的实际运行情况充分体现了盐穴地下储气库多周期注采、灵活切换的特征。相比油气藏型、含水层等孔隙型地下储气库，盐穴地下储气库采气能力强，能够在短时间内大量采气，机动性强，更适合于日调峰、小时调峰及应急采气。

4.1.2　盐穴储油运行特征

盐穴型战略储油库的石油在溶腔内储备时，卤水与石油共存于溶腔，两者分别与溶腔围岩发生热传递[57]。由于地温梯度的存在、腔内与地下岩层静压之间的压力差、盐岩产生的蠕变收缩等作用下，会引起溶腔内石油和卤水的温度、腔内压强及溶腔容积等参数发生变化。储库的腔体位置、形状与几何尺寸均在水溶造腔阶段确定；而注采流量、温度控制是其工作运行的重要参数；腔内压强变化则是影响储库溶腔容积收缩的最直接因素。

4.1.3　盐穴压气储能运行特征

盐穴压缩空气储能技术是以压缩空气为储能介质实现能量的存储转化[58]。通过这种新型技术，可从电网吸纳用电低谷时的"过剩电能"。储能时，电动机驱动多级压缩机将空气压缩至高压并储存至地下盐穴中，完成电能到空气压力能的转换，实现电能的储存。在此过程中，各级压缩机的压缩热通过间冷器换热回收并储存在蓄热介质中，回收热量后的蓄热介质储存在热罐中。压缩空气储能可以实现电能的大规模清洁储能，大幅改善发电、用电的时空结构，实现电力供需的"削峰填谷"。

4.1.4　盐穴储氢运行特征

相比枯竭油气藏和含水层储氢，盐穴储氢库优点是：盐岩对氢气的反应是惰性的，而且完全不透水，因此氢气在盐岩中扩散时的损失很小[59]。氢气不与盐岩发生反应，适合储存纯氢。盐穴储氢库在一年内可完成多个注采循环，因此可以在短时调峰的储能需求中发挥关键作用。

4.2　不同类型盐穴储库稳定性评价

4.2.1　含多夹层盐穴储库稳定性评价

夹层的存在对盐穴储气库的稳定性和密闭性提出了更高的要求，许多学者开展了相关研究。在以前的研究中，夹层的岩性被认为是一致的。但事实上，在层状盐岩地层中，盐穴的围岩中常含有具有各种岩性的非盐夹层[60]。当夹层的岩性不同时，其孔隙度和渗透率也会不同，由此导致密封性能也会有所差异。显然，各夹层岩性相同难以全面反映真实的地质条件。因此，在评价层状盐岩储氢盐穴的密闭性时，需要考虑夹层岩性多样性的影响。

岩石的孔隙度和渗透率是影响围岩密闭性的主要参数。我国层状盐岩资源丰富，不同矿区、不同埋深、地质构造和岩性组合多样[61]。因此，在测试岩石试样的孔隙度和渗透率时，试样的岩性和埋深，甚至试验中使用的方法和介质都会影响测量值。对于以储存氢气为目的的盐穴，只有选择合适的测试条件（测试方法、渗透、围压等），才能得到可靠的测试结果。

4.2.2 夹层孔渗特性

我国盐穴埋深一般在 $500 \sim 2100$ m 之间[62]。统计相关试验数据和研究成果[63]，中国典型层状盐岩的孔隙度和渗透率列于表 4-1。同时，绘制并讨论了不同埋深处层状盐岩岩芯试样的孔隙度和渗透率分布图及孔隙度和渗透率拟合关系曲线，如图 4-1 和图 4-2 所示。

表 4-1　中国典型层状盐岩的孔隙度和渗透率

层状盐岩编号	渗透介质	岩性描述	孔隙度/%	渗透率/m^2	深度/m	矿区[①]
1	N_2	盐岩	<0.25	1.00×10^{-18}	−600	云应
2	Ar	泥质盐岩	1.7	2.02×10^{-18}	−874	金坛
3	N_2	绿色泥岩	7	1.39×10^{-16}	−896	
4	Ar	含倾斜界面层状盐岩	1.4	6.21×10^{-18}	−897	
5	N_2	灰色泥岩	5	1.26×10^{-20}	−898	
6	N_2	棕色泥岩	8.4	1.42×10^{-16}	−899	
7	N_2	粉质泥岩（含盐）	12.5	5.68×10^{-15}	−925	
8	Ar	纯盐岩	1.5	$<1.00 \times 10^{-21}$	−969	
9	Ar	含界面层状盐岩	4.5	4.71×10^{-17}	−972	
10	N_2	灰色泥岩（含盐）	10.3	2.69×10^{-16}	−973	
11	N_2	含盐隙灰色泥岩	12.3	1.03×10^{-15}	−974	
12	N_2	灰绿色泥岩	10.9	1.78×10^{-16}	−975	
13	N_2	灰绿色泥岩（含盐）	7.9	1.17×10^{-16}	−1049	
14	He	灰色泥岩（含盐）	4.41	4.19×10^{-17}	−943	淮安
15	He	带泥岩夹层盐岩	2.48	6.03×10^{-17}	−947	
16	He	纯盐岩	1.13	$<1 \times 10^{-19}$	−950	
17	He	杂质盐岩	2.17	4.39×10^{-16}	−951	
18	CO_2	砂质泥岩	3.28	1.11×10^{-17}	−973	
19	CO_2	钙质泥岩	3.92	6.50×10^{-18}	−981	
20	CO_2	钙芒硝盐岩	1.93	1.38×10^{-19}	−1675	

层状盐岩编号	渗透介质	岩性描述	孔隙度/%	渗透率/m²	深度/m	矿区①
21	N_2	硬石膏泥岩	1.1	1.15×10^{-20}	−1423	平顶山
22	H_2O	粉砂质砂岩	9.55	4.82×10^{-15}	−1680	赵集
23	H_2O	无水芒硝	9.47	1.55×10^{-16}	−1682	
24	Hg	无色盐岩	2.7	7.00×10^{-17}	−1946	潜江
25	Hg	灰色泥岩	6.0	2.56×10^{-15}	−2046	
26	Hg	钙芒硝泥岩	2.5	6.58×10^{-16}	−2091	

① 未标记代表未找到矿区信息。

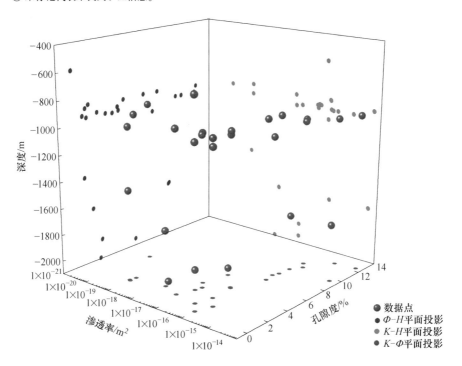

图 4-1   岩芯孔隙度和渗透率随埋深的变化分布

H—深度；*Φ*—孔隙度；*K*—渗透率

从图 4-1 可以发现，岩石埋藏深度越大，其孔隙度和渗透率就越小。埋深越大通常意味着更高的地应力，此时岩石中的孔隙和裂缝将被压实，从而降低岩石的孔隙度和渗透率。如图 4-2 所示，层状盐岩试样的渗透率与其孔隙度有关。通过数据拟合，发现两者之间呈幂函数关系，表明试样的孔隙度和渗透率之间正相关。结合表 4-1 还可以发现，孔隙度大于 6% 的试样大多含有盐岩裂隙或砂质成分，其渗透率通常相对较高。因此，在储氢盐穴选址时，应特别注意地层中是否有此类岩石。

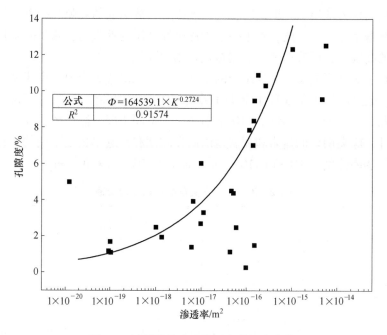

图 4-2 试样孔隙度和渗透率的拟合曲线

此外，在测试过程中，发现试样的孔隙度和渗透率会随着施加围压的增加而逐渐降低，如图 4-3 所示。大多数盐穴位于地下 800 m 以下，原位地应力较高。

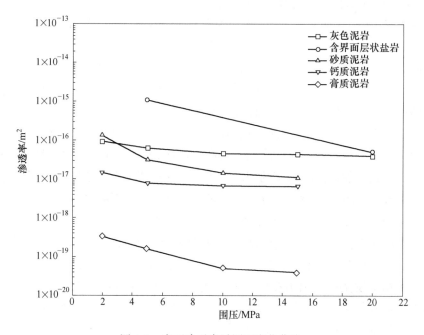

图 4-3 岩石渗透率随围压变化曲线

当岩芯从高应力地层钻井取出时，会出现应力释放引起的裂隙和孔洞，从而导致测得的渗透率偏高。因此，本书基于岩样所在地层的地应力，测试时施加与地应力相近的高围压，以确保测试数据接近现场实际值。

设计了 5 个不同夹层岩性组合的工况，每种工况代表中国一个典型的层状盐岩地层。表 4-2 列出了 5 种工况下 4 种夹层的孔隙度和渗透率。在每种工况下，夹层的孔隙度和渗透率随埋深的增加而减小，不同工况下渗透率改变而孔隙度不变。此外，除夹层外的盐岩和泥岩地层的孔隙度和渗透率也是不变的，盐岩的孔隙度和渗透率分别为 1% 和 1×10^{-21} m^2，泥岩为 3% 和 1×10^{-18} m^2。

表 4-2　不同工况下夹层的孔隙度和渗透率

岩层	孔隙度 /%	渗透率/m^2				
		工况 1	工况 2	工况 3	工况 4	工况 5
夹层 1	10	1.0×10^{-16}	1.0×10^{-17}	1.0×10^{-17}	1.0×10^{-18}	1.0×10^{-19}
夹层 2	6	1.0×10^{-17}	1.0×10^{-17}	1.0×10^{-18}	1.0×10^{-19}	1.0×10^{-19}
夹层 3	3	1.0×10^{-18}	1.0×10^{-18}	1.0×10^{-19}	1.0×10^{-20}	1.0×10^{-19}
夹层 4	1	1.0×10^{-19}	1.0×10^{-19}	1.0×10^{-20}	1.0×10^{-21}	1.0×10^{-19}

从工况 1 到工况 5，可以发现不同工况下 4 个夹层的渗透率呈下降趋势，每种工况下夹层的渗透率之和分别为 1.111×10^{-16} m^2、2.11×10^{-17} m^2、1.111×10^{-17} m^2、1.111×10^{-18} m^2 和 4×10^{-19} m^2。

在工况 1 中，4 个夹层的渗透率分别为 1×10^{-16} m^2、1×10^{-17} m^2、1×10^{-18} m^2 和 1×10^{-19} m^2。随着埋深的增加，夹层渗透率急剧下降，夹层 1 的渗透率是夹层 4 的 1000 倍，此工况代表的是淮安盐矿蒋南区块的盐层。夹层渗透率范围为 $1\times10^{-19}\sim1\times10^{-16}$ m^2，涵盖了中国典型层状盐岩中大部分夹层的渗透率。因此，在这种情况下研究盐穴储氢的密封性能具有较好的普遍适用性。

在工况 2 中，4 个夹层具有 3 个渗透率，分别为 1×10^{-17} m^2、1×10^{-18} m^2 和 1×10^{-19} m^2，其中夹层 1 和夹层 2 的渗透率均为 1×10^{-17} m^2。这种情况指的是淮安盐矿的赵集区块和金坛盐矿的智溪区块。在这种情况下，地层中不存在低渗透率夹层（$K=1\times10^{-16}$ m^2），但存在两个微渗透性夹层（$K=1\times10^{-17}$ m^2）。由于存在多个微渗透夹层，储存 H_2 时，需要验证盐穴的密闭性。

在工况 3 中，4 个夹层的渗透率分别为 1×10^{-17} m^2、1×10^{-18} m^2、1×10^{-19} m^2 和 1×10^{-20} m^2，该工况旨在评估 H_2 在含有相对较低渗透率夹层的盐穴中的储存情况。这种情况发生在平顶山盐矿，夹层埋深在 $1000\sim2000$ m 之间，夹层多为石膏质泥岩或其他致密岩。盐穴储油或储气库在这种条件下的密闭性能已经得到验证，但储氢的密闭性能仍有待研究。

在工况 4 中，夹层的渗透率甚至低于工况 3，最大渗透率为 1×10^{-18} m²，最小渗透率为 1×10^{-21} m²。这种盐层代表赵集盐矿，该矿有一个格劳伯盐层，盐层下方的渗透性极低。夹层渗透率越低的盐穴越有可能满足大规模储氢的密闭性要求，因此这种情况下储氢盐穴的密闭性有待验证。

在工况 5 中，所有 4 个夹层的渗透率均为 1×10^{-19} m²，这种成盐也是大规模储氢的良好潜在地点选择。例如，在云应盐矿中，夹层大多为硬石膏，结构致密，岩性单一，渗透率很低。

4.2.3 夹层孔隙压力分布

通过研究各夹层孔隙压力分布，可以定量分析氢气泄漏在夹层中的分布特征[64]。图 4-4 所示为工况 1 中存在不同岩性夹层的孔隙压力分布曲线。横坐标是

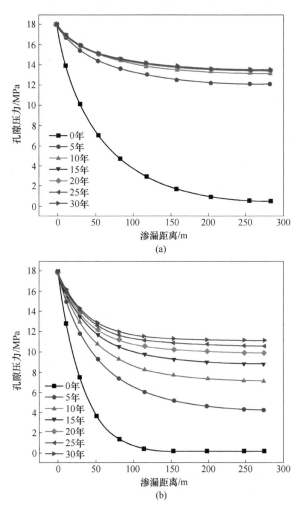

(a)

(b)

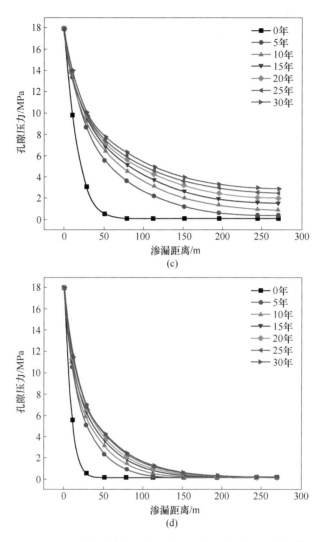

图 4-4 工况 1 中不同夹层在运行过程中的孔隙压力分布曲线

(a) 夹层 1（$K_i = 1 \times 10^{-16}$ m²）；(b) 夹层 2（$K_i = 1 \times 10^{-17}$ m²）；

(c) 夹层 3（$K_i = 1 \times 10^{-18}$ m²）；(d) 夹层 4（$K_i = 1 \times 10^{-19}$ m²）

渗漏距离，纵坐标是监测点处的孔隙压力。可以看出，夹层中孔隙压力随渗漏距离的增大而减小，孔隙压力在靠近盐穴时急剧下降，在靠近边界时趋于稳定。在 30 年的运行中，随着 H_2 的渗流，同一位置处的孔隙压力在前期上升较快，运行后期随时间缓慢上升并趋于稳定。以夹层 1 为例，在前 5 年，边界处的孔隙压力增加了约 12 MPa，但在之后的 25 年中，孔隙压力增加不足 2 MPa。

根据不同夹层孔隙压力的分布特征可以看出，随着夹层孔隙度和渗透率的降低，夹层中的孔隙压力也随之降低。运行结束时，各夹层边界处的孔隙压力分别为 13.5 MPa、11.1 MPa、2.8 MPa 和 0.1 MPa。夹层 1（$K=1\times10^{-16}$ m^2）和夹层 2（$K=1\times10^{-17}$ m^2）中的孔隙压力大于盐穴的最低运行压强，意味着由于压差存在，夹层中的 H$_2$ 会回流到盐穴中。此外，当夹层的渗透率低于 1×10^{-17} m^2 时，其孔隙压力会明显下降。与夹层 2（$K=1\times10^{-17}$ m^2）相比，夹层 3（$K=1\times10^{-18}$ m^2）的边界孔隙压力仅为 2.8 MPa，急剧下降74.7%，而夹层 4（$K=1\times10^{-19}$ m^2）的则下降为 0.1 MPa，表示泄漏的 H$_2$ 没有到达边界。综上所述，认为盐穴储氢时夹层的渗透率应小于 1×10^{-17} m^2。

4.3　畸形老腔储库稳定性评价与改造

如图 4-5 所示，选择了 4 种典型的盐穴形状进行稳定性分析和比较[65-66]。4 个盐穴的高度与直径之比均为 2 : 1，高度为 128 m，最大直径为 64 m。同时，在盐穴底部设计了高度为 33 m 的沉渣堆积物。最重要的是，每个盐穴代表一种工程条件，如下：

（1）椭球体盐穴。该盐穴整体呈椭球体，最大直径位于中心位置，上部边界为椭圆形拱形，侧壁围岩也很光滑，代表了理想的盐穴设计形状。

（2）不规则形状盐穴。夹层能够阻碍上部溶解，促进横向溶蚀。因此，在存在不溶性夹层的位置出现缩颈现象（围岩向内突出），并且在厚盐层中出现向外突起。

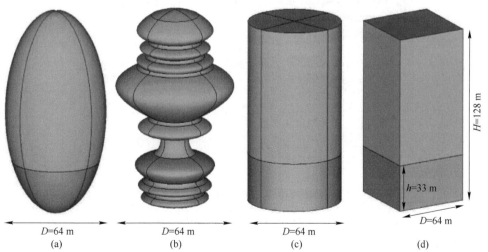

D=64 m　　　　*D*=64 m　　　　*D*=64 m　　　　*D*=64 m　　*H*=128 m　　*h*=33 m
(a)　　　　　(b)　　　　　(c)　　　　　(d)

图 4-5　四种不同形状的盐穴
（蓝色部分代表盐穴的有效体积，黄色部分代表盐穴底部的沉积物）
（a）椭球体盐穴；（b）不规则形状盐穴；（c）圆柱体盐穴；（d）长方体盐穴

（3）圆柱体盐穴。该盐穴从底部到顶部有一个恒定的圆形横截面，顶板平直。在层状盐岩中，如果夹层容易坍塌，并且不使用油垫阻溶，则可能形成这样的盐穴形状。

（4）长方体盐穴。这种盐穴形状很少通过水溶技术建造，但是当使用干式采矿时，可以形成这样的盐穴形状，此处该盐穴仅用作对比示例。

4.3.1 数值模拟

基于淮安盐矿赵集区块的地质信息，利用 ANSYS 软件建立数值模拟模型（见图 4-6），然后导入 FLAC^{3D} 进行计算。该模型的长、宽和高分别为 350 m、350 m 和 700 m。由于对称性，该模型仅包含盐穴的 1/4 部分。上覆地层已简化为垂直荷载作用于模型的上表面，底部和横向边界是固定的，初始应力作用于这些边界。以包含不规则形状盐穴的模型为例，单元总数为 541689，节点总数为 95151。

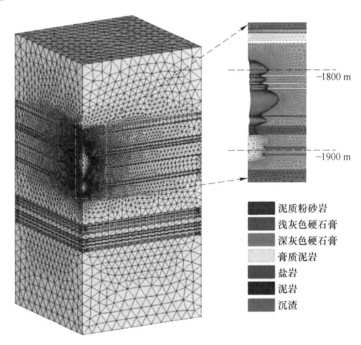

图 4-6 数值模拟模型：整个模型和盐穴周围的岩层

在天然气储存阶段，围岩处于稳定的蠕变状态，使用 C-power 蠕变模型来描述围岩的稳态蠕变：

$$\dot{\varepsilon}_t = A \left(\sqrt{3J_2} \right)^n \tag{4-1}$$

$$J_2 = (1/6)\left[(\sigma_1 - \sigma_2)^2 + (\sigma_2 - \sigma_3)^2 + (\sigma_3 - \sigma_1)^2 \right] \tag{4-2}$$

式中, $\dot{\varepsilon}_t$ 为稳态蠕变速率; J_2 为偏应力张量的第二个不变量; A, n 为通过试验得到的两个蠕变参数。

由于注气和采气的切换, 盐穴内部气体压强交替变化。从盐穴完整性的角度考虑, 设计的最小储气压强为 14 MPa, 最大储气压强为 33 MPa, 约为顶板处竖直地应力的 0.8 倍。储气压强在一年内的变化模式为:

$$p_{igp} = 23.5 + 9.5\cos(2\pi t) \tag{4-3}$$

式中, p_{igp} 为内部气体压强, MPa; t 为盐穴地下储气库运行时间, 年。

图 4-7 所示为储气压强循环的波动情况。

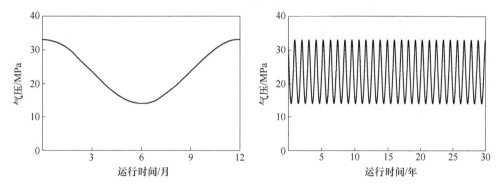

图 4-7 盐穴储气库中一年 (单个运行周期) 和 30 年 (30 个运行周期) 的储气压强循环

4.3.2 仿真结果与分析

盐穴地下储气库的稳定性评估是一项系统性的工作。本书选取盐穴体积收缩率、围岩塑性区和围岩位移 3 个典型指标来评价盐穴地下储气库的稳定性, 这 3 个指标通常被用作盐穴地下储气库安全性评估的主要标准[67]。

4.3.2.1 体积收缩率

如图 4-8 所示, 长方体和圆柱体的盐穴地下储气库具有非常大的体积收缩率, 30 年后分别接近 21% 和 19%。不规则形状盐穴和椭球体盐穴的体积收缩率比前两个盐穴小得多, 30 年后其体积收缩率分别为 6.3% 和 7.5%。因此, 从形状设计的角度来看, 后两者比前两者更可取。

出乎意料的是, 不规则形状的盐穴比椭球体盐穴的体积收缩率小, 尽管后者的形状要规则得多。通常, 如果围岩形态不规则, 则容易发生较大的变形和更严重的应力集中, 从而导致腔体更容易破坏。然而, 事实上不规则形状的盐穴呈现出更小的体积收缩率, 因此有必要进一步开展研究。

4.3.2.2 塑性区: 分布和体积

塑性区由 FLAC^{3D} 软件内置的计算失效准则确定, 包括 Mohr-Coulomb 准则和

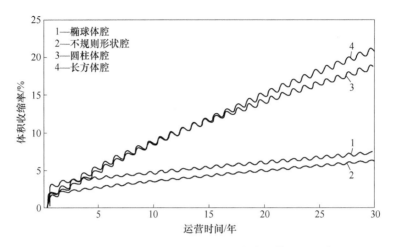

图 4-8　4 种不同形状的盐穴地下储气库的体积收缩率

最大拉应力准则方程：

$$f_S = \sigma_3 - \sigma_1 + 2C\sqrt{N_\varphi} \tag{4-4}$$

$$f_t = \sigma_t - \sigma_1 \tag{4-5}$$

$$N_\varphi = (1 + \sin\varphi)/(1 - \sin\varphi) \tag{4-6}$$

式中，σ_1 为最大主应力，MPa；σ_3 为最小主应力，MPa；C 为内聚力，MPa；φ 为内摩擦角，(°)；σ_t 为岩体抗拉强度，MPa。

　　盐岩和泥岩是软岩，应慎重控制或减小盐穴附近的塑性状态，以防止变形过大。塑性区分布对反映围岩的局部稳定状态具有重要意义，图 4-9 所示为储气 30 年后 4 种不同形状盐穴的塑性区分布。

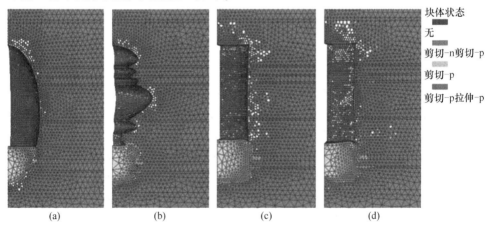

图 4-9　不同形状盐穴运行 30 年后围岩塑性区分布

（a）椭球体；（b）不规则形状；（c）圆柱体；（d）长方体

从图4-9可以看出，椭球体盐穴的塑性区远小于圆柱体和长方体盐穴的塑性区。圆柱体和长方体盐穴围岩中塑性区分布更为广泛，特别是在顶板周围和角落位置，表明这两个盐穴地下储气库稳定性较差。不规则形状盐穴的体积收缩率虽略小于椭球体盐穴，但其塑性区分布比椭球体盐穴更广泛。这可能是因为在不规则形状的盐穴中，围岩中应力集中更强烈，从而出现更广泛的塑性区。这可以通过塑性区的分布特征看出，即塑性区主要集中于围岩的凸出部位和凹陷部位。因此，对于不规则的盐穴地下储气库，这些位置应特别重视，尤其是这些位置崩塌的可能性。

4.3.2.3　围岩位移

围岩位移是反映盐穴地下储气库稳定性的另一个重要指标。4个盐穴的位移等值线如图4-10所示。通过围岩中的位移分布，可以清楚地看到每个位置的变形特征，然后可以得出对形状优化的更好解释。

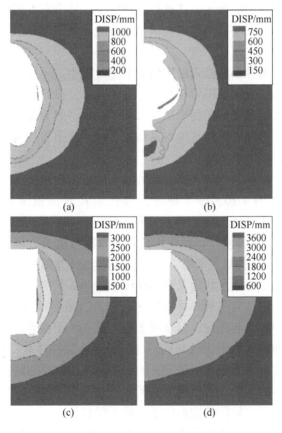

图 4-10　30 年后不同形状盐穴周围的位移轮廓

（a）椭球体；（b）不规则形状；（c）圆柱体；（d）长方体

根据图 4-10，椭球体和不规则形状盐穴在围岩中的位移最小，而圆柱体和长方体盐穴的位移要大得多。

A 最大位移分析

椭球体盐穴围岩中的最大位移约为 1000 mm，出现在盐穴腰部，但较大位移的分布范围非常小。

不规则形状盐穴围岩中的最大位移为 750 mm，出现在腰部的突起部位，其他突起部位的位移在 600~750 mm 之间。虽然不规则形状盐穴围岩位移小于椭球形盐穴，但主要出现在围岩的突出位置。因此，重要的是要关注这些部位的潜在坍塌风险及对盐穴中管柱的不利影响。

圆柱体盐穴围岩中的最大位移接近 3000 mm，也出现在腰部。虽然较大位移分布范围很小，但比前两个盐穴大 3~4 倍。这表明这种形状的盐穴稳定性不好，围岩会发生巨大变形。

长方体盐穴围岩中的最大位移接近 3600 mm，是所有不同形状盐穴中的最高水平，并且同样出现在腰部。如此大的位移可能导致围岩断裂、坍塌，甚至导致矿柱不稳定。

相比之下，前两种形状盐穴的围岩变形相对较小。不规则形状盐穴的突起位置主要为硬质夹层，限制了围岩在水平方向的收缩，突起位置的存在有利于盐穴稳定性，但这些区域的变形仍处于较高水平。夹层一般为泥岩，脆性明显，抗变形能力低于盐岩。因此，夹层部位容易崩塌，并对注采管柱构成潜在威胁。

B 围岩位移分析

所有 4 个不同形状的盐穴在围岩中的最大位移出现在腰部，但盐穴的顶部也值得密切关注。在图 4-10 中，4 种不同形状盐穴的顶板位移分别为 580 mm、550 mm、1355 mm 和 1415 mm。椭球体和不规则形状盐穴的顶板位移大致相同，它们之间只有大约 5% 的差异。圆柱体盐穴的位移接近长方体盐穴的位移，差异小于 5%。从顶板安全的角度来看，圆柱体盐穴和长方体盐穴非常不稳定，它们的顶板平均变形是不规则形状盐穴和椭球体盐穴的 2.5 倍。

将不规则形状的盐穴与椭球体盐穴进行比较，虽然前者的围岩非常不规则，塑性区和变形集中在凸起部位，但这两个盐穴都有一个拱形顶板，不规则形状盐穴的顶板位移与椭球体盐穴大致相同。此外，尽管圆柱体盐穴的围岩非常规则，但由于其顶板平直，顶部结构不稳定，因此其顶部位移比前两个盐穴大得多。长方体盐穴也有同样的问题，虽然腔体的形状是方形的，但腔体边缘可能导致应力集中并加剧局部破坏，但顶部变形的增加并不明显。

结合腔体围岩位移和顶板位移，可以充分说明在盐穴设计中，顶板形状的设计比腔体形状的设计更为重要。为了减少围岩的变形，盐穴的顶板必须设计成拱形。同时即使腔体有一些局部变形，可能会影响整体变形，但其影响也远不及顶板形状。此外，上述 3 个指标表明平顶盐穴是不稳定的，由于缺乏顶板拱效应，顶板可能发生拉伸破坏和较大的下沉。不仅如此，平直顶板可能导致上覆地层压强没有充分释放并传递到矿柱上，可能导致矿柱严重变形。同时，平直顶板使得矿柱和顶板的接触部位应力集中和损坏加剧。因此，不建议储气库采用平顶或大跨度平顶。对于采卤后形成的盐穴，或在盐穴建造期间，在溶蚀顶部盐层时，为了确保盐穴在以后使用中的稳定性，建议采用油垫或气垫控制溶解，以确保腔体顶板为拱形。

4.3.3 修复或改造盐穴形状

不规则盐穴的形状不限于上述，有时畸形盐穴的利用非常困难，因此可以对盐穴形状加以修复或改造。本书提出了两种典型的溶腔形态改造方法，供实际工程参考。

4.3.3.1 气垫阻溶法

对于围岩有突起的盐穴，应消除突起部位的潜在危害。采用油垫法修复腔体时，油垫用量巨大，进行这种修复显然是不经济的，而高压气体则可用于腔体修复[68]。图 4-11 展示了使用气垫法改造盐穴形状的实例：修复工作于 2016 年 5 月完成，2016 年 6 月 8 日声呐成像数据显示，该盐穴体积约为 195614 m³。与原盐穴相比，JT86 盐穴体积增加了约 8939 m³，腔体上部最小半径增加到约 21 m。

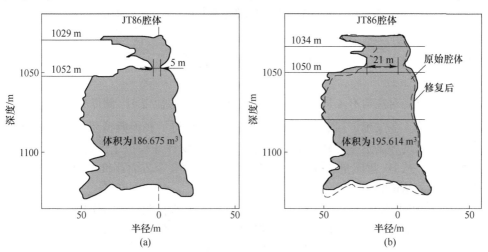

图 4-11 气垫法改造前后 JT86 盐穴声呐测量轮廓图
(a) 修复前；(b) 修复后

4.3.3.2 单井储气库改造为水平储气库

如果单井溶腔形状过于不规则，修复难度较大，可以考虑将单井溶腔改造为双对接井水平溶腔[69]，如图4-12所示。以现有单井溶腔为目标井，在距其一定距离（建议100~300 m）处钻一口水平井与单井溶腔连接。将淡水注入水平井进行开采，原有单井可作为采卤通道。通过定期切割水平井管柱（保持管口位置不断后退），可以建成水平型盐穴。水平型盐穴通常体积较大，盐岩地层的利用率也因此提高，是利用废弃单井及盐穴的有效途径。由于体积大且形状规则，因此可以在盐穴中储存更多的气体，盐穴的稳定性也会有所改善。

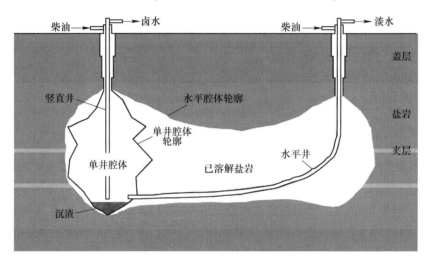

图4-12 单井储气库改建为双对接井水平储气库示意图

4.4 本 章 小 结

本章首先对在含有不同岩性夹层的层状盐岩中的盐穴 H_2 储库的密闭性进行了综合评价。在文献调研和试验测试的基础上，获得了我国典型层状盐岩中常见夹层的孔隙度和渗透率；建立了三维地质模型，设计并模拟了 5 种工况下的 H_2 渗漏情况；从 H_2 渗漏量、孔隙压力和 H_2 渗漏速率 3 个方面评价了盐穴储库密闭性。得到的结论如下：

（1）中国层状盐岩中，夹层岩性多样，因而其孔隙度和渗透率差异很大。研究发现，随着夹层埋深的增加，孔隙度和渗透率有降低的趋势。此外，岩样的孔隙度与渗透率呈正相关关系，当岩石的孔隙度大于6%时，在盐穴 H_2 储库选址时应慎重考虑。

（2）储气库的 H_2 渗漏范围、孔隙压力和累积 H_2 渗漏量随时间增加，初期增长较快但随后趋于稳定。夹层是 H_2 渗漏的主要部位，99%以上的 H_2 渗漏集中在夹层中，而盐岩中几乎没有 H_2 渗漏。在盐岩保护层的良好保护下，盐穴的顶底板岩层也不存在 H_2 渗漏。

（3）夹层的孔隙度和渗透率是影响 H_2 储气库密闭性的关键因素。夹层的渗透率越小或孔隙度越大，通常意味着 H_2 渗漏和回流区的范围越小。建议单个盐穴储存 H_2 时，夹层渗透率应小于 $1×10^{-17}$ m^2；两个或多个盐穴储存 H_2 时，夹层渗透率应小于 $1×10^{-18}$ m^2。此外，随着夹层孔隙度和渗透率的降低，累积 H_2 渗漏量下降。

（4）利用层状盐岩中的盐穴时，首先要获得岩层的封闭参数，以判断盐穴的密闭性。当规划中的盐穴含有密闭性差的夹层时，应尽量避开夹层或在夹层周围保留适当的保护性盐岩。对于废弃盐穴，应综合评估建设 H_2 储存库的可行性，并根据盐穴的密闭性能及储存介质对腔体密闭性的不同要求，储存氢气、氦气、天然气、压缩空气、石油、工业废弃物等介质。

在对畸形老腔储库的评价与改造中，根据层状盐岩的特点和盐穴施工工艺的特点，设计了 4 种不同形状的典型盐穴，椭球体、不规则形状、圆柱体和长方体，建立了地下储气库的数值计算模型，并进行了储气稳定性模拟分析。得到以下结论：

（1）选择描述盐穴稳定性的 3 个指标作为判定盐穴地下储库稳定性的标准，即体积收缩率、塑性区和围岩位移。结果表明，圆柱体盐穴和长方体盐穴的各项指标相对较大，表明这两种盐穴形状不太理想。由于夹层的变形限制，不规则形状盐穴的稳定性问题最小，但应密切关注局部破坏的影响。椭球体盐穴的稳定性指标远小于圆柱体和长方体盐穴，略高于不规则形状盐穴。

（2）顶板形状对稳定性的影响比围岩形状更显著，平顶盐穴会导致盐穴的大变形和大范围的塑性区破坏，而拱形顶板可以大大减小变形，提高稳定性。局部畸形围岩对局部稳定性有显著影响，但对整体稳定性影响很小。因此，我们强烈建议将盐穴顶部设计建造成拱形。

（3）对于围岩有小凸起的储气库，建议提高内部最低运行气体压强，降低注采频率以提高稳定性，或者利用储气库储油以提高储气库的安全性。对于平顶盐穴，建议用碱渣填充，以消除任何潜在的地质风险。对于围岩上有较大悬突块的盐穴，可以考虑用气垫法来修复盐穴的形状，或者通过钻探建造一口水平井，将单井盐穴重新改造为一个双对接井水平盐穴。

5 层状盐岩腔体密闭性与分类应用

5.1 盖/夹层密闭性综合评价体系

在层状盐岩地层中，盖层及夹层一般为泥质岩，其孔隙度远大于盐岩，渗透率一般也高出盐岩 1~3 个量级[70-71]，因此盖层及夹层是盐穴储气库密闭性评价的关键部位，是地下储库可行性研究的首要任务。但目前针对盐穴储气库盖层及夹层密闭性评价的研究较少，且均停留在对微观封闭性能的探讨、单个物性指标的测试上[72]，难以适应国家大力建设地下能源储库的战略要求。

5.1.1 评价体系构建

本节借鉴石油地质学中盖层评价的理论和方法[73-74]，并结合盐穴储气库自身地质条件和运行特征，首先从宏观封闭性特征、封闭性能专项指标、细观孔隙特征指标开展了地质调研和室内测试，以多尺度、多层次充分揭示了盖层及夹层密闭性的影响因素（见图 5-1）；然后基于层次分析法对各指标权重给出计算方法，并据此建立了盐穴储气库盖层及夹层密闭性综合评价指标体系，提出了一套对盖层及夹层密闭性评价及分级的定量化方法；最后将该方法成功应用于对金坛盐矿盖层及夹层的评价，并得到现场验证。本章内容聚焦于盐穴储气库盖层及夹层的密闭性评价，为储气库的选址及长期安全评价服务。

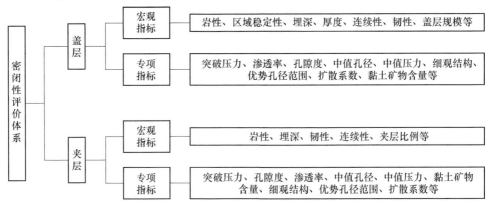

图 5-1　盖层及夹层密闭性影响因素（宏观+专项+细微观）

5.1.2 评价指标筛选

5.1.2.1 宏观封闭性指标

宏观封闭性指标指的是从宏观地质尺寸、构造特征、岩石物性、岩石韧性等角度来对盖层及夹层的区域封闭特征作出评价。很显然这是地下盐穴储库选址阶段的首要工作，而良好的区域圈闭性能和物性封闭性能也是确保拟建储库群密闭性的首要条件。因此，将宏观区域特征评价作为盖层及夹层密闭性评价的主要内容之一进行研究。所涉及的基本研究内容包括储气库埋深、盖层厚度及连续性、盖层及夹层的物性和韧性这三项主要内容。

A 盖层宏观区域特性指标

（1）埋深。埋深是确保区域密闭性的重要因素，它反映了盖层所处的地质力学状态，也是反映岩石成岩程度和沉积环境的重要指标。盖层及夹层埋藏太浅，静水压力太小，油气容易通过盖层扩散、渗滤；埋藏太浅成岩作用也不够成熟，难以形成致密的岩石结构，渗透率和孔隙度都很难达到封闭油气的要求；埋藏浅的岩层容易遭受风化侵蚀、表水淋滤等影响，从而降低突破压力。同时埋藏太深的盖层又可能因脆性增加容易破碎而引起封闭性能降低。从前人研究成果来看[75-77]，在一定深度范围内油气田盖层的封闭能力是随其埋深增加而增强的。

（2）盖层厚度。厚度是盖层评价的重要参数，一般而言，厚度越大封闭能力越强[78]。盖层的完整性是其封闭性能的保证，一旦某个地方出现破损就极有可能成为油气泄漏连通上覆地层的通道，油气田形成之后的漫长地质史中或多或少会受到地质活动（抬升、错动）的影响，要保证厚度几米的盖层在数公里的展布范围内还保持完整性几乎是不可能的。

泥岩厚度是盖层评价的重要参数之一。泥岩厚度越大，其封盖能力必然得以提高。泥岩厚度大的优势有：1）反映沉积环境稳定，泥岩均质性好；2）降低微孔隙及连通孔隙的连通性，增强封闭能力；3）泥岩内生成流体不易排出，形成异常高压；4）在断层部位易形成侧向封堵等。

（3）盖层连续性。某盐矿区一旦被选为油气储库地址，必将在地下建造大量的、密集的储库群，其体量和尺寸都是非常大的，因此盖层封闭不仅依赖于其具有良好的微观封闭能力，也要求其在空间宏观尺度具有较好的展布范围，盖层连续性反映的是其宏观展布面积，表现其横向尺寸上的封闭性能。盖层连续性一是看其在横向的尺寸范围，二是看其在拟建库群内及周边是否受到断层切割或构造破损。横向尺寸大的盖层，说明其沉积范围广、岩性均质性一般也较好、厚度也较大。

B 物性特征

韧性岩石构成的盖层与脆性岩石相比，不易产生断裂和裂纹。在构造变形过程中，脆性盖层易出现破断，特别是在褶皱带和推覆带中，盖层的韧性对油气封存尤其重要。不同的岩石具有不同的韧性，在通常的地质条件下，岩石韧性的顺序是盐岩>硬石膏>富含有机质页岩>页岩>粉砂质页岩>钙质页岩>燧石岩[79]。盐岩和硬石膏等蒸发岩的韧性最大，因此，蒸发岩发育的含油气盆地多形成大型油气田。所以，在盐穴储库选址阶段，物性特征对拟建库密闭性的影响很大。

影响泥岩韧性的主要因素是黏土矿物种类和含量[80]，黏土矿物常以细小颗粒分布为主，在大颗粒岩石矿物孔隙之间起到充填胶黏作用。常见黏土矿物的韧性顺序是蒙脱石>高岭石>伊利石>绿泥石；黏土矿物含量越高，韧性越好。可用图 5-2 加以表示，图 5-2（a）中黏土矿物含量少，则残留孔隙空间大，渗透通道大，在受到外力作用下大颗粒之间相互作用强，造成微观破损严重；图 5-2（b）中黏土矿物含量较高，残留孔隙空间极为细小，可供流体流通的孔喉通道也很小，在受到外力作用下，充当基质的黏土矿物对于变形具有良好的缓冲作用。

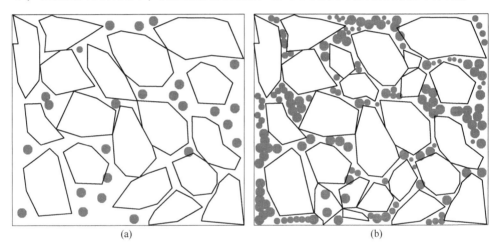

(a)　　　　　　　　　　　　　　　(b)

图 5-2　不同黏土矿物含量的泥质岩细观结构示意图

（a）黏土矿物少；（b）黏土矿物多

5.1.2.2　封闭性能专项指标评价

封闭性能专项指标指的是可直接衡量流体在岩石中的流通能力，以及岩石对流体的物性封隔能力的参数，所涉及的最重要的三个关键指标是渗透率、突破压力和孔隙度，其中突破压力为重中之重。

A　孔隙度和渗透率

a　孔隙度

广义的孔隙指的是岩石中未被固体物质充填空间，也称之为空隙，包括狭义的孔隙、岩穴和裂缝；而狭义的孔隙指的是岩石中颗粒（晶粒）间、颗粒（晶粒）内和充填物内的空隙。岩石内部的孔隙有些是相互连通的，有些是孤立的，只有相互连通的那一部分孔隙对岩体的渗流发挥作用。

孔隙度的大小和渗透率没有明确的函数关系，孔隙度小不代表渗透率就低、密闭性就好，孔隙度大也不代表渗透率就一定高。但从统计的角度而言，一般地，孔隙度越小则流体渗流提供的孔隙空间就更小，渗透率就会越低。谈及岩石的密闭性，还要充分考虑岩性、孔喉结构特征、孔隙尺寸、流体充填情况等，如有些孔隙度高达20%的泥岩仍能充当盖层，而一些孔隙度低于5%的灰岩层反而是产能较高的储层[81]。尽管如此，在盐穴储气库盖/夹层密闭性评价中，仍将孔隙度作为重要指标，有以下原因：（1）盐穴储库所涉及的盖/夹层岩性一般为泥质岩、钙芒硝泥质、石膏质泥岩，或层状盐岩本身，这些岩石内部具有大量毛细管孔隙，乃至微毛细管孔隙；（2）盐穴储库所涉及的盖/夹层一般塑性、韧性极好，内部出现如碳酸岩内的大的裂隙的可能性很低，即便在构造史上出现过，至今也已经完全闭合；（3）由于均以毛细孔、微细孔存在，则孔隙度就成为影响其低渗特性的重要衡量指标。

b　渗透率

岩石结构越致密，残留孔喉空间越狭小，流体从中流通的难度越大，其封闭性能就越好。

B　突破压力

在各种密闭性评价指标中，突破压力是重中之重的指标。其定义为：在存在压力差的条件下，气体进入盖层层面最大孔隙达到其层面孔隙体积10%时，在盖层中天然的漏失就开始，该最大孔隙所对应的毛细管半径称为盖层的渗漏半径，它所对应的毛细管压力就称为突破压力。这种定义给出了盖层发生渗漏的临界状态，但这种状态所对应的条件在实验室难以实现。因此在实验室一般采用驱替法测试岩芯的突破压力。

5.1.2.3　细观孔隙特征评价

A　扩散系数

在油田气田中天然气的逸散方式有渗漏、扩散和水溶流失三种机制[82]。而对于地下盐穴储气库，天然气的逸散机制应该只有渗漏和扩散。其中渗漏指的是在压力梯度下气体随着盖层及夹层微孔隙由高压区向低压区渗漏；而扩散指的是天然气由高浓度区域向低浓度区域的流动。采用扩散系数对扩散的程度进行评价。即便是极小的扩散系数，对于形成期和储存期达到数百万年甚至上亿年的油气田，扩散所造成的天然气逸出量也是非常可观的，甚至成为天然气耗散的主要机制。

盐穴储库的气体逸散与油气田具有很大不同：（1）储气库设计周期仅有30~50年，即便考虑储库报废后封存卤水或废弃物回填，其服役周期也少于1000年，与存在百万年的油气田相差太多；（2）虽然储库寿命短但由于高压天然气存储于狭小的空间内，其相对于盖层及上覆地层的浓度差很大，扩散也可能比较明显。此外，扩散系数也是一个反映盖层结构致密程度、微孔隙发育状态及物性封堵性的重要指标，因此对盐穴储气库密闭性评价中，作者仍建议将扩散系数作为一个反映盖层及夹层密闭性参考指标。

B 中值半径

中值半径指的是在毛细管压力曲线上对应中值压力所代表的孔喉半径，其值越小则反映了毛细管压力越大，同时也反映了阻滞天然气流通的能力也越强。不同饱和度下岩石盖层毛细管压力曲线及其中值压力如图 5-3 所示。

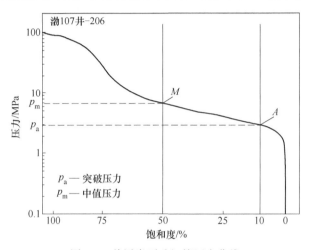

图 5-3 盖层岩石毛细管压力曲线

C 比表面积

岩石的比表面积是指单位质量内岩石总表面积即岩石内部的内表面积和外表面积之和，它是岩石颗粒大小、孔隙发育程度、压实程度、胶结程度的综合反映，而这些影响因素正是评价泥岩盖层封盖性能所必需的几个重要方面。一般而言，岩石的内表面积远大于岩石的外表面积。由于该参数一般不受裂隙的影响，测定结果相对稳定，其大小又可以用于判断成岩作用的强弱，而成岩作用的强弱往往反映了裂隙发育的程度，因此该参数可以配合突破压力参数对泥岩盖层进行综合评价。不管是埋藏压实还是构造挤压，对泥岩的成岩作用的影响，最终总是表现为岩石比表面积的变小。

5.1.3 权重与评价标准

将盐穴储库盖层及夹层密闭性能作为目标层，宏观指标（埋深、厚度、连续性）、专项指标（突破压力、渗透率、孔隙度）、细观指标（扩散系数、中值半径、比表面积）及物性指标（岩性、韧性）作为准则层，各因素作为指标层，通过大量总结前人研究成果及对盐穴储库本身特征进行分析，构建了盖层及夹层密闭性评价指标体系的层次分析法结构模型，如图 5-4 所示。

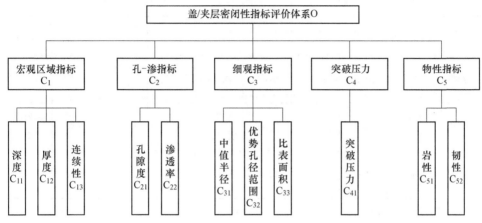

图 5-4 层状盐层储气库盖层及夹层密闭性评价指标体系层次分析法结构模型

模型中准则层及指标层所包含因素两两比较对比两者之间的重要性程度，由此构建判断矩阵。判断矩阵表示本层所有因素对上一层某一个因素的相对重要性的比较，判断矩阵的元素 a_{ij} 用 Santy 等人[83]提出的 1~9 标度方法给出。a_{ij} 的取值及其含义见表 5-1。

表 5-1 判断矩阵元素 a_{ij} 的标度方法

标度 a_{ij}	含 义
1	表示两个因素相比，具有同样重要性
3	表示两个因素相比，一个因素比另一个因素稍微重要
5	表示两个因素相比，一个因素比另一个因素明显重要
7	表示两个因素相比，一个因素比另一个因素强烈重要
9	表示两个因素相比，一个因素比另一个因素极端重要
2、4、6、8	上述两相邻判断的中值
倒数	因素 i 与 j 比较的标度 a_{ij}，则因素 j 与 i 的标度 $a_{ji} = 1/a_{ij}$

各因素的相互比较可用表 5-2 表示。

表 5-2 元素对比及判断矩阵取值

指标对比	关系及 a_{ij}	指标对比	关系及 a_{ij}	指标对比	关系及 a_{ij}	指标对比	关系及 a_{ij}	指标对比	关系及 a_{ij}
宏-宏	同，1	宏-孔	稍弱，1/3	宏-细	同，1	宏-突	稍重-明重，4	宏-物	稍弱，1/3

指标对比	关系及 a_{ij}	指标对比	关系及 a_{ij}	指标对比	关系及 a_{ij}	指标对比	关系及 a_{ij}	指标对比	关系及 a_{ij}
孔-宏	稍重，3	孔-孔	同，1	孔-细	稍重，3	孔-突	同-稍弱，1/2	孔-物	同，1
细-宏	同，1	细-孔	稍弱，1/3	细-细	同，1	细-突	稍重-明重，1/4	细-物	稍弱，1/3
突-宏	稍重-明重，4	突-孔	同-稍重，2	突-细	稍重-明重，4	突-突	同，1	突-物	同-稍重，2
物-宏	稍重，3	物-孔	同，1	物-细	稍重，3	物-突	稍弱-同，1/2	物-物	同，1

注：宏代表"宏观区域指标"；孔代表"孔-渗指标"；细代表"细观指标"；突代表"突破压力"；物代表"物性指标"。同表示同一指标；稍重表示相对比显得稍微重要，倒数为稍弱；明重表示相对比显得明显重要，倒数为明弱。

由表 5-2 得到判断矩阵 A：

$$A = \begin{bmatrix} 1 & 1/3 & 1 & 1/4 & 1/3 \\ 3 & 1 & 3 & 1/2 & 1 \\ 1 & 1/3 & 1 & 1/4 & 1/3 \\ 4 & 2 & 4 & 1 & 2 \\ 3 & 1 & 3 & 1/2 & 1 \end{bmatrix} \tag{5-1}$$

通过 Matlab 计算得到 A 的最大特征值为 $\lambda_{\max} = 5.026$，计算得到一致性指标为：

$$CI = \frac{\lambda_{\max} - n}{n - 1} = 0.016 \tag{5-2}$$

$n = 5$ 时查表 5-3 得到随机一致性指标 $RI = 1.12$，将 $CI = 0.016$ 代入一致性检验公式得：

$$CR = \frac{CI}{RI} = 0.014 < 0.1 \tag{5-3}$$

通过一致性检验。

表 5-3　随机一致性指标 RI 数值表

n	1	2	3	4	5	6	7	8	9	10	11
RI	0	0	0.58	0.90	1.12	1.24	1.32	1.41	1.45	1.49	1.51

判断矩阵最大特征值对应的特征向量即为准则层的权向量，作归一化处理后得：

$$\boldsymbol{w} = \begin{bmatrix} 0.0815 & 0.2255 & 0.0815 & 0.3860 & 0.2255 \end{bmatrix} \tag{5-4}$$

进一步考虑各指标层权重，得出各准则层下的判断矩阵：

$$\boldsymbol{C}_1 = \begin{bmatrix} 1 & 1 & 2 \\ 1 & 1 & 2 \\ 1/2 & 1/2 & 1 \end{bmatrix}, \text{对应权向量} \ \boldsymbol{w}_{C_1} = \begin{bmatrix} 0.4 & 0.4 & 0.2 \end{bmatrix}$$

$$\boldsymbol{C}_2 = \begin{bmatrix} 1 & 1/3 \\ 3 & 1 \end{bmatrix}, \text{对应权向量} \ \boldsymbol{w}_{C_2} = \begin{bmatrix} 0.25 & 0.75 \end{bmatrix}$$

$$\boldsymbol{C}_3 = \begin{bmatrix} 1 & 1 & 1 \\ 1 & 1 & 1 \\ 1 & 1 & 1 \end{bmatrix}, \text{对应权向量} \ \boldsymbol{w}_{C_3} = \begin{bmatrix} 0.3333 & 0.3333 & 0.3333 \end{bmatrix}$$

$$\boldsymbol{C}_4 = \begin{bmatrix} 1 \end{bmatrix}, \text{对应权向量} \ \boldsymbol{w}_{C_4} = \begin{bmatrix} 1 \end{bmatrix}$$

$$\boldsymbol{C}_5 = \begin{bmatrix} 1 & 1/2 \\ 2 & 1 \end{bmatrix}, \text{对应权向量} \ \boldsymbol{w}_{C_5} = \begin{bmatrix} 0.3333 & 0.6667 \end{bmatrix}$$

对盖/夹层的封闭等级给出"高效""较高""良好""一般""较差"5 个等级，求得各因素所占权重，通过加权求和就可以求得最后的盖层综合等级得分 Q：

$$Q = \sum_{i=1}^{5} w_i \cdot p_i \tag{5-5}$$

式中，w_i 为准则层各元素权重值；p_i 为准则层各元素封闭性评级。

考虑到进一步的划分，准则层各元素权重值可由下式确定：

$$w_i = \sum_{j=1}^{m} w_{ij} \cdot p_{ij} \tag{5-6}$$

每个参数等级划分为 Ⅰ、Ⅱ、Ⅲ、Ⅳ、Ⅴ，对应等级分值分别为 5 分、4 分、3 分、2 分、1 分。不同元素所占权重及相应水平范围见表 5-4。

最终根据不同指标组合方案下的加权总分判定盐穴储库盖层及夹层封闭等级。加权总分为 5 时，封闭等级判定为"高效"；加权总分为 4~5 时，封闭等级为"较高"；加权总分为 3~4 时，封闭等级为"良好"；加权总分为 2~3 时，封闭等级为"一般"；加权总分小于 2 时则封闭等级为"较低"。封闭等级为"高效""较高""良好"时适合建造储气库，而封闭等级为"一般"时需要进一步论证建库可行性，封闭等级为"较差"时则需综合论证地层是否适合。

表 5-4 盐穴储库盖层及夹层密闭性评价指标划分细则

等级（分值）	准则层（权重）										
	宏观区域指标（0.082）			孔-渗指标（0.226）		细观指标（0.081）			突破压力/MPa（0.385）	物性指标（0.226）	
	深度/km（0.033）	厚度/m（0.033）	连续性/km²（0.016）	渗透率/mD（0.170）	孔隙度/%（0.056）	中值半径/μm（0.027）	优势孔径范围/nm（0.027）	扩散系数/cm²·g⁻¹（0.027）		岩性（0.151）	韧性/%（0.075）
I（5）	>2.0	>200	>30	$<10^{-5}$	<5	<20	5~25	$<10^{-8}$	>20	盐岩	盐岩
II（4）	1.5~2.0	150~200	25~30	$10^{-5} \sim 10^{-4}$	5~10	20~40	25~50	$10^{-8} \sim 10^{-7}$	15~20	膏盐岩	盐膏岩
III（3）	1.0~1.5	100~150	20~25	$10^{-4} \sim 10^{-3}$	10~15	40~60	50~100	$10^{-7} \sim 10^{-6}$	10~15	泥岩/页岩	CC>50
IV（2）	0.6~1.0	50~100	15~20	$10^{-3} \sim 10^{-2}$	15~20	60~100	100~350	$10^{-6} \sim 10^{-5}$	5~10	粉砂质泥岩	25<CC<50
V（1）	<0.6	<50	<15	$10^{-2} \sim 10^{-1}$	>20	100~300	350~700	$>10^{-5}$	<5	泥质粉砂岩	CC<25

注：此处"连续性"采用没有断层的完整区块面积来衡量；"韧性"涉及的方面较多，但主要受到物性和黏土矿物含量（CC）影响，因此韧性采用物性和 CC 加以衡量。

5.2 盐穴储气库密闭性评价准则

5.2.1 密闭性评价准则

在盐穴中储存碳氢化合物之前，应评估其对不同碳氢化合物（原油、瓦斯油、甲烷、乙烷等）的密封性和适用性。与以前的研究相比，评估盐穴密闭性的可靠标准很少。主要由于盐岩的渗透性极低，盐岩对天然气和石油施加了有效的屏障，用于储气的条件主要是不允许矿柱断裂。众所周知，密闭性不是唯一的因素，而且与稳定性密切相关。因此，只考虑矿柱的拉伸断裂（而非剪切破坏）是不够的。此外，还应限制气体泄漏量，以确保盐穴的经济性和适用性，以及内部气体压强的维持。在层状盐岩沉积物中，多个可渗透的夹层可能与盐穴相交，部分夹层具有高渗透性，而部分夹层渗透性则较低。在这种情况下，盐穴储气的稳定性要求可能满足，但存在一定的泄漏风险。有必要引入气体泄漏量作为密闭性评估的补充，这一指标有助于避免对盐穴密闭性的错误判断。

基于已有的评价标准[84-85]，同时考虑泄漏量的限制，本书提出了三个准则来评估盐穴在储存天然气时的密闭性和稳定性：

（1）矿柱中间的孔隙压力应小于最小内部气体压强；

（2）矿柱中点的安全系数（FOS）应不低于 1.5，以保持矿柱的稳定性；

（3）盐穴附近的气体泄漏总量应小于盐穴中储存总量的 1%。

5.2.1.1 安全系数

泥岩夹层是典型的弹塑性材料，而不是像盐岩一样的黏塑性材料。因此，Van Sambeek 准则不适用于夹层。引入莫尔-库仑准则来预测夹层是否失效，当剪切应力达到剪切屈服应力（剪切应力平面中的剪切强度包络线与法向应力的关系）时发生失效。莫尔-库仑准则的表达式为：

$$\tau = \sigma_n \tan\varphi + c \tag{5-7}$$

式中，σ_n 为法向应力，MPa；τ 为剪切应力，MPa；c 为岩体的内聚力，MPa；φ 为内摩擦角，（°）。

当存在孔隙压力时，应使用有效应力概念来解释孔隙压力的影响，如下式：

$$\sigma_{\text{eff}} = \sigma - \alpha p_p \tag{5-8}$$

式中，σ_{eff} 为有效应力，MPa；σ 为总压强 MPa；p_p 为孔隙压力，MPa；α 为比奥-威利斯有效应力系数。

Paterson 和 Wong[86]测定了许多岩石的 α 值，如花岗岩（$\alpha = 0.45$）、石灰岩（$\alpha = 0.66$）和砂岩（$\alpha = 0.64$）。结果表明，试样孔隙度越低，围压越高，α 值就越低。粉质泥岩孔隙度相对较低，粉质泥岩夹层在围岩中的约束性非常好，在此

条件下 α 值趋于较低。然而，由于硬件设备限制，此处难以对粉砂泥岩的 α 值进行实测。因此，参考了一种致密泥质砂岩在类似应力状态（围压、孔隙压力）下的结果，因为其具有接近粉质泥岩的岩石物理性质，根据相关测量结果，初步设定粉质泥岩的 α 为 0.6。

为了指示岩体在盐穴围岩不同位置的安全状态，引入安全系数（FOS）表示当前岩体应力状态（莫尔圆半径）与破坏状态（抗剪强度线）的接近指数，以评估岩体的安全状态，即：

$$\text{FOS} = (\sigma_1 + \sigma_3 - 2\alpha p_p + c\cot\varphi)/(\sigma_1 - \sigma_3\sin\varphi) \tag{5-9}$$

已有研究表明[87]，层状盐岩围岩的安全系数 FOS<1.5 时意味着局部破坏，FOS<1.0 时意味着失效，FOS<0.6 时则代表坍塌。矿柱必须有足够的安全冗余度来保持盐穴的完整性，甚至不允许矿柱的中间区域出现局部损坏。因此，矿柱中间区域的 FOS 应不低于 1.5。这些损伤阈值将在后面的章节中用于评估夹层的安全性。

5.2.1.2 盐穴中的气体损失

根据相关研究[88]，盐岩原位测试的渗透率为 $10^{-20} \sim 10^{-19}$ m² 或更低。储存天然气时，盐岩的渗透系数为 $1.6\times(10^{-11} \sim 10^{-10})$ m/s。假设盐岩渗透系数较高，则天然气在 30 年内渗入周围盐层的最大距离为 0.15 m（1.6×10^{-10} m/s × 3600 s×24 h×365 d×30 a= 0.15 m）。然而，如果渗透性夹层与盐穴相交，渗漏范围将大大增加，应从安全和经济的角度考虑气体损失量。以下对夹层中气体渗漏的估计值进行推导。

与盐穴相交的夹层可视为厚度为 h 的环。当气体渗流压力为零时，外缘的气体渗流距离设为 "d"（见图 5-5）。

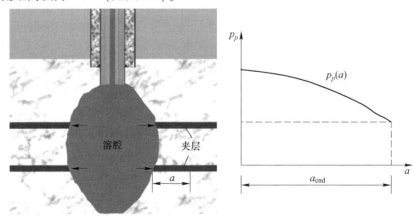

图 5-5 围岩中夹层孔隙压力分布示意图

a —夹层距盐穴腔壁的距离；a_{end} —盐穴腔壁到矿柱中心位置的距离

假定盐穴及围岩孔隙中的气体符合理想气体方程。根据这一假设，计算出的天然气漏失体积量将比实际气体状态下的体积量大约高出14%。然而，为了避免低估气体漏失，初步假设气体压强在围岩中呈线性分布（一般为非线性），并忽略盐岩中的气体漏失。在压强 p_p 的状态下，可以估算盐穴中或盐穴围岩中单位体积"1 m³"在大气压下的天然气体积 $\bar{V}_a$（m³），如下式所示：

$$\bar{V}_a = 10.1p_p \tag{5-10}$$

为了简化分析，初步假设孔隙压力在从盐穴腔壁到围岩内部呈线性分布。而后，任何位置"a"处的围岩孔隙压力可计算如下：

$$p_p(a) = p_{p01} - \frac{a}{a_{\mathrm{end}}}(p_{p01} - p_{p02}) \tag{5-11}$$

式中，p_{p01} 为盐穴腔壁处的渗透压力，即为腔体运行内压，MPa；p_{p02} 为相邻盐穴矿柱中点的渗透压力，MPa。

由此得，渗透到所有夹层内的气体漏失总量可近似计算为：

$$V_{ai} = \int_0^{a_{\mathrm{end}}} 20.2\pi\varphi_{ei}h_i\left[p_{p01i} - \frac{a}{a_{\mathrm{end}}}(p_{p01i} - p_{p02i})(R_i + a)\right]\mathrm{d}a \tag{5-12}$$

式中，V_{ai} 为总漏失气量折算为大气压状态下的气体体积，m³；φ_{ei} 为每个夹层的有效孔隙度，%；h_i 为每个夹层的厚度，m；R_i 为每个夹层位置处的盐穴半径，m。

5.2.2 盐穴储库密闭性监测

建设盐穴地下储气库是一项高风险的复杂工程，对盐穴的气密封性有着很高的要求，而盐穴储气库密封性检测技术就成为评价建库工程成败的关键。国内外已经建设投入运营的盐穴储气库达上百座，在全球地下储气库总量中占据一定比例。各国都十分重视盐穴储气库的气密封性检测以确保高风险储气工程的安全。

5.2.2.1 完井井筒气密封性检测

完成生产套管固井且经工程测井反映质量合格或优良后，还必须通过全井筒气密封性试验来检查生产套管的技术状况、固井的气密封性及生产套管鞋附近的气密封状态从而确定该井是否可以开始水溶造腔并适用于未来的储气运行。

总结国外实践经验得知，在利用氮气作为造腔顶板隔离保护介质的前提下，井筒密封性检测技术宜采用完井套管检测-造腔联作一步完成法。生产套管完井后，按照施工作业程序下入造腔管柱代替测试管柱，将造腔顶板隔离保护介质氮气从生产套管与造腔管柱环形空间注入，氮气到达生产套管鞋以下部位，保证生产套管全部充满气体。保持温度平衡后，继续补充注气，使套管鞋处气体压强达到储气库设计的运行上限压强试压 8~10 h，压强保持稳定则表明检测合格[89]。生产套管井筒密封性检测合格后，直接利用测试氮气作为造腔顶板隔离保护介质开始造腔。

完井套管检测-造腔联作一步完成法的主要优点为：（1）检测气体介质与造腔顶板隔离保护介质共用；（2）井筒密封性检测与井下造腔管柱施工联合作业一次完成检测精度满足作业要求，能够降低能耗、简化工序、缩短工期，并节省投资。江苏地区建设盐穴储气库，实施了 15 口新钻完井造腔工程前期全井筒气密封试验，有 1 口井因为气密封检测不合格而放弃继续水溶造腔施工。

5.2.2.2 水溶造腔过程的腔体检测

盐穴水溶造腔作业实施过程中，根据设计方案，在造腔的不同阶段检测盐穴腔体的发展变化、腔体形态特征和几何体积变化等是否达到设计标准。

水溶造腔过程腔体检测的核心技术是成功应用了声呐探测技术。利用声呐探测结果与造腔模拟计算可以获得常压或高压条件下盐穴内部结构的动态特征，实时分析腔体有效容积、基本尺寸和形状等动态变化参数，检测水溶腔体是否出现顶板、夹层崩落或腔体垮塌等现象，优化造腔每个溶蚀阶段的主排卤流量、循环方式和造腔管柱上提位置等，从而排除造腔过程中地质不确定因素可能造成的管柱损伤、控制水溶腔体的完整性，进而确定该井是否符合储气库设计规范并适用于未来的储气运行。

5.2.2.3 盐穴完整性气密封检测

盐穴完整性气密封检测是造腔结束后，在首次注气排卤之前实施腔体完整性密封试验的关键性技术。通过检测腔体的完整性及生产套管鞋附近的气密封性是否达到设计标准来排除腔体运行过程中可能造成的事故，检查盐穴是否满足安全运行工作压强区间的设计要求，从而确认其是否具备储存天然气的能力。

该技术的应用目前在国外主要以北美、欧洲地区为代表，均采用了 API 推荐的密封检测方法原理。井筒下入测试管柱进行注气承压试验，但北美和欧洲的密封性检测评价标准却不同：北美地区 API 检测方法的评价标准为 24 h 测试时间内气-水界面深度变化小于 1 m[90]；欧洲地区的 Geostock 检测方法则根据泄漏率与时间的关系曲线和泄漏率的绝对值来对盐腔密封性进行评价[91]。

国内盐穴地下储气库完整性气密封检测技术则综合了国外 API 检测方法和Geostock 检测方法：采用注采气生产管柱（排卤时插入中心排卤管柱）代替测试管柱，利用储气库储存介质（天然气）作为盐穴整体气密封检测介质，向生产套管与注采气生产管柱环形空间注入天然气至生产套管鞋下 10 m，保证生产套管井筒至生产套管鞋全部充满气体；待测试注气驱替卤水腔体整体温度平衡后，继续补充注入天然气，使套管鞋处的压强达到储气库的设计运行上限压强，进行腔体完整性试压，测试气-水界面深度，记录井口检测仪表数据，录入地质工程资料，24 h 连续测压[92]。

气密封检测评价的标准为：（1）计算气-水界面随时间的变化关系，要求其趋于稳定，稳定后变化率小于气体压缩体积；（2）盐穴整体（腔体内部、井筒）

承压达到储气库允许的最高上限压强且保持稳定，压降为零。盐穴储气库完整性气密封检测合格后，可以投入注气排卤，进行完整性检测的第二步：施工下入中心排卤管柱，继续向盐穴中注气，以排出盐穴内的卤水，剩余卤水与天然气界面的深度依设计而定；同时设定盐穴内最小压强并保持在设计要求的精度下，测量盐穴蠕变收缩值，将测量结果与设计预测的蠕变收缩值对比。对于盐穴长期收缩率的确定以最小运行压强条件下测试结果为依据。

经过上述检测，确认盐穴满足安全运行工作压强区间的设计要求，具备储存天然气的能力，开始用于储气库注采气运行。

不同地层盐矿的岩石物理力学性质不同，因此这些类型矿区盐穴的适用性也不同。有些盐穴适合储存天然气，有些适合储存原油，而有些盐穴可能不适合储存任何类型的碳氢化合物。然而，目前还没有广泛认可的参考资料或标准来进行盐穴的分类利用。由于密闭性是在地下盐穴储存碳氢化合物的一个决定性因素，需要重点关注盐穴的密闭性，以验证其储存不同介质的可行性。

5.3 废弃老腔储气密闭性评价

5.3.1 岩石物理试验和评估条件

5.3.1.1 物理力学性质

盐穴围岩的物理力学性质为分析储能盐穴的稳定性和密闭性提供了依据。层状盐岩具有分层材料的力学性能，因此应进行系统的力学试验来确定其各项参数。尽管注意力主要集中在盐穴的密闭性上，但良好的力学性能和主体岩石的高度完整性是密闭性的先决条件。如果主岩的物理和力学特性太弱，则更有可能在盐穴周围产生损伤和渗流通道。此外，岩石物理和力学试验提供了渗流计算和密闭性评估的基本参数，如密度、弹性模量、内聚力和内摩擦角。因此，从目标盐穴附近的地层中获取层状盐岩岩芯用于岩石物理和力学试验，主要包括 X 射线衍射分析（XRD）、单轴/三轴压缩试验、直剪试验和巴西劈裂试验。

以下是对力学性质测试结果的简要概述：

（1）单轴压缩试验：共计 8 个试样被用于单轴压缩试验，其中 3 个为盐岩，3 个为夹层，2 个为复合盐岩（包含一个界面）。几乎所有的试样在加载过程中都出现了劈裂破坏。通过对应力-应变曲线的对比分析，盐岩的强度最低、变形最大，其最低的单轴抗压强度为 19.3 MPa，弹性模量 E 为 9.51 GPa，泊松比 ν 平均为 0.32。泥岩夹层的单轴抗压强度最高，但平均泊松比最低，单轴抗压强度为 28.7 MPa，E 为 19.1 GPa，ν 为 0.18。由于复合盐岩试样的数量有限，只开展了两组该类型试样单轴压缩试验。复合盐岩试样的力学参数介于盐岩和夹层之间，单轴抗压强度为 23.1 MPa，E 为 11.7 GPa，ν 平均为 0.29，表明层状盐岩试样具有明显的复合力学性能。

（2）常规三轴压缩试验结果：围压对盐岩的变形和强度有显著影响。当围压超过约 5 MPa 时，盐岩的峰值强度达到 60 MPa 以上，等效轴向应变超过 8%。随着围压的增加，应变硬化越来越明显，即轴向偏应力（$\Delta\sigma = \sigma_1 - \sigma_3$）值不断增加，几乎没有峰值应力出现。围压对夹层的力学性质也有很大影响。随着围压的增加，破坏模式逐渐由劈裂向剪切再向剪胀转变，强度也随着围压的增加而增加。对于层状盐岩试样，变形和破裂主要受盐岩影响，但局部破坏受夹层控制。层状盐岩也发生了应变硬化，但是当局部断裂从夹层穿透到盐岩部分时，出现了峰值强度。但沿盐岩–夹层界面没有滑移，也说明了界面胶结良好，并非弱面。

（3）直剪试验结果：盐岩和夹层的抗剪强度接近，但盐岩比夹层具有更大的变形能力。界面的抗剪强度和变形介于盐岩和夹层之间。这再次表明，该界面具有盐岩和夹层的共同力学性质，并且该界面不是弱面，而是层状盐层中的岩性过渡带。这是一个有利的特性，有助于保持储气库的密闭性。

（4）巴西劈裂试验结果：盐岩和夹层均沿中心线劈裂。平均而言，盐岩的抗拉强度为 1.43 MPa，夹层的抗拉强度为 1.67 MPa。然而，对于具有界面（只有一个，1.41 MPa）的试样，裂纹不会沿着中心线出现，而是出现在盐层侧。这再次表明界面具有良好的胶结性，并且不是薄弱区域。

基于这些力学试验结果，表明相应地层的层状盐岩力学性能良好，具有适当的强度和良好的变形性能。复合盐岩的力学行为介于盐岩和夹层之间，且界面胶结良好，不是软弱区。因此，当层状盐岩用于储存天然气时，几乎不需要担心沿界面的滑移或渗流通道的产生。

5.3.1.2 孔隙度和渗透率的测量

本书所有盐岩样本的渗透率范围为 $10^{-17} \sim 10^{-16}$ m^2，这远远高于完整或压实良好的盐岩，但接近于扰动或膨胀性盐岩。众所周知，取芯、样品制备、杂质的存在和封闭性较差都与盐岩的高渗透性有关，并且该值可以被视为已破坏或受到外界干扰的盐岩的渗透率。此外，由于测试时间持续较短，盐岩难以进行损伤自愈合。在实际工程中，评价密闭性时应考虑盐岩特殊的自愈合特性，这种特性有利于降低渗透率和岩石基质的损伤。

黏土矿物含量越高，基质越致密，渗透率越低。坚硬的大块成分通常构成岩体的骨架，而柔韧的小颗粒作为基质填充残余空隙。小颗粒越少，剩余的空隙就越多。因此，有限的黏土颗粒不足以填充大颗粒之间的所有空隙，这将导致更大的孔隙度和更高的渗透率。

盐岩（NaCl）在夹层中的比例含量为 1%~6%，几乎每个岩芯都含有盐岩，盐岩充填裂缝的出现总是伴随着较高的渗透率。结合肉眼观察和成分分析，推断盐岩充填夹层基质中的裂隙并形成网络，是气体渗流的主要通道，而纯粉砂质泥岩内部的残余孔隙则是次要通道。

一般来说，完整状态或压实状态下的盐岩是一种渗透率极低或不可渗透的岩石。因此，盐层被认为是石油地质学中最理想的盖层，通常与大型天然气储层有关。然而，当受到破坏或当施加的偏应力非常高时，盐岩的渗透性会增加几个数量级。测得的盐岩渗透率范围为 $10^{-21} \sim 10^{-16}$ m^2，考虑到废弃盐穴的围岩已经受到扰动或破坏，处于较高的偏应力状态，并且由于杂质的存在，渗透率必然高于完整和纯净的盐岩。因此，探究受损盐岩的渗透性十分必要，以揭示水溶采盐活动对盐穴围岩的影响。

5.3.2   三维地质力学模拟模型

以中国东部江苏省常州市金坛区某盐矿的地质调查数据为依据建立数值模拟地质模型。该盐矿的几何形状整体呈簸箕状，东北方向长 33 km，西北方向宽22 km，矿区面积约为 526 km^2。盐矿位于茅山推覆构造和黄裳—大华隆起带内，属于苏南隆起带长洲凹陷的一个二级凹陷。盐矿凹陷中心区深度最大，是盐岩的主要沉积区，面积约 60.5 km^2。该区域也是现有盐穴综合利用的勘探和应用目标区域。该地区地层产状相对平缓，地质倾角在 0°~5°之间。盐穴大多呈梨形，上部细长，下部扩大。此处主要关注于 2000 年后水溶采卤形成的盐穴，这些盐穴位于盐矿中心的北部，两个相邻盐穴之间的大多数矿柱宽度小于盐穴直径（最宽位置）。

废弃盐穴中心深度约为 1000 m，盐穴段地层由互层的泥质盐岩和泥岩夹层组成。金坛盐矿夹层岩性由钙芒硝泥岩、硬石膏泥岩、黏土岩、粉砂质泥岩等组成，研究区域内的夹层为粉砂质泥岩。所研究目标盐穴的直接盖层和底部岩层均为泥岩地层，厚度都超过 200 m。除盖层外，上覆地层岩性还包括粉砂质泥岩、粉砂质砂岩和风化砂岩。

根据勘探和声呐测量数据，使用 ANSYS 建立的三维地质力学数值模型导入FLAC^{3D}中的示意图如图 5-6 所示。每个盐穴的高度均为 116 m，虽然真实的盐穴具有不规则的轮廓，但均被简化为规则的形状以提高数值计算效率。单个盐穴的上半部分为椭球体（长半轴 $a=80$ m，短半轴 $b=c=36$ m）、下半部分为球体（半径 $r=36$ m），顶、底板盐岩层的厚度均为 15 m，作为密封屏障。5 个粉砂质泥岩夹层与盐穴相交，厚度范围为 2~3 m。为了简化计算，较薄的夹层（厚度 ≤1.0 m)被合到相邻的盐层中。盐穴在地下空间中密集分布，相邻盐穴间矿柱很窄，此处矿柱宽度被视为盐穴最大直径的 1 倍，即 72 m。

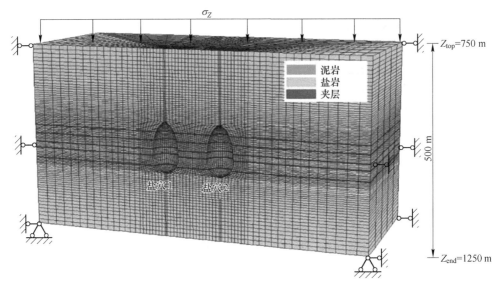

图 5-6 两个相邻废弃盐穴（盐穴 1、盐穴 2）的三维数值模型示意图

5.3.3 盐穴周围的气体渗流范围及压强

5.3.3.1 气体在围岩中的渗透

根据数值模拟结果，得到了 30 年内盐穴围岩中的气体渗流情况，包括气体渗流范围和渗流孔隙压力，以评估盐穴的密闭性和适用性。得到了每个运行时间段的结果，即运行 5 年、10 年、20 年和 30 年后的结果，以便在停止储存或将盐穴转换为其他用途之前确定盐穴的使用寿命。这种情况下即使盐穴的使用期限较短，如 10 年、15 年或 20 年，但废弃盐穴仍发挥了一定的价值，因为新建盐穴的速度难以满足使用需求。

根据模拟结果显示，不同条件下气体渗漏范围随运行时间的增加而增加。高渗透孔隙压力区主要出现在夹层中，尤其是在围岩周围的区域，表明夹层是气体渗透的主要通道。通过比较不同条件下的气体渗流，发现夹层的渗透率越高，渗流范围越大，渗流孔隙压力越高。在第一种条件下，夹层的渗透率最高，为 5×10^{-15} m^2，气体在围岩中渗透最快，仅运行 5 年后，夹层中的渗流范围已达到矿柱中部，运行时间越长，渗流范围越大。然而，当夹层的渗透率降低到最小值 5×10^{-17} m^2 时，气体的渗透速度显著降低，以至于盐穴围岩中的渗透范围减小，渗透面积非常小。与此同时，夹层的位置是影响气体渗流的另一个重要因素，在利用盐穴储气时应予以考虑。

尽管盐岩的渗透率非常低，只有 1×10^{-17} m^2，但盐岩层中的渗流范围和孔隙压力分布仍然受到邻近夹层较大渗透率影响。天然气最初渗入夹层，然后再渗入邻近的盐岩层，夹层的渗透率越高，越多的天然气会迁移到盐岩层，盐岩中的孔隙压力就越高。可以推断这一过程的机制为：首先在夹层中形成高孔隙压力，然后出现从夹层指向附近盐岩层的高气体压强梯度，最后气体渗入盐岩层。盐岩孔隙中的气体来源于盐穴空间和相邻的夹层中。

5.3.3.2 气体在夹层中的渗透

夹层的渗透性是影响盐穴围岩气体渗漏的主要因素。在相同条件下，夹层的渗透性越低，孔隙压力越低。然而，孔隙压力与夹层渗透率之间并不是线性关系，且夹层的渗透率越低，密封效果越显著。这种现象与夹层渗透率很低时气体渗流的非达西流动特性密切相关。通常，渗透率为 10^{-17} m^2 时被视为普通渗透率和低渗透率之间的分界点，当渗透率高于该值时，气体渗流服从达西定律；当渗透率低于该值时，非达西现象将逐渐出现，例如滑移效应。滑移效应或多或少地消耗了流体流动的动能，整体的渗流状态将会因此而减缓。

5.3.3.3 气体在盐层中的渗透

在盐岩层中，如果相邻夹层具有高渗透性，则渗流范围和孔隙压力将非常大。盐岩层中的渗透孔隙压力随着与盐穴内壁距离的增加而降低，在矿柱中呈"V"形分布，矿柱中部的孔隙压力最小。同时随着运行时间的增加，盐岩层中孔隙压力增加，矿柱中部区域的增幅大于两侧。

5.4　新建溶腔密闭性评价

对于层状盐岩中的天然气储气库，夹层和界面的渗透性及其对储气库密封性的影响至关重要。为了探明层状盐岩的渗透特性，以及此类地层中储气库的密闭性，首先采用了稳态和瞬态脉冲衰减压力法来测定泥岩夹层、盐岩和界面（盐岩与泥岩相接处）的渗透特性；然后测试了不同岩性试样的渗透率及偏应力对其影响；最后通过采用实验室测试结果，使用三维数值模拟软件 FLAC³ᴰ，研究和讨论了层状盐岩中储气库周围的气体迁移情况，包括渗流距离、孔隙压力分布及关键因素对储气库密闭性的影响。

5.4.1　层状盐岩渗透率测试

5.4.1.1　夹层渗透性

采用稳态流动法测量泥岩夹层的渗透率。在 2.5 MPa 的围压下，渗透率在 10^{-16} m^2 左右；而在 $5 \sim 10$ MPa 的围压下，夹层的渗透率在 6.23×10^{-18} m^2 和 1.21×10^{-20} m^2 之间。部分夹层的初始渗透率高达 10^{-16} m^2，这可能与取芯损伤、应力释放和内部裂缝重新张开造成的初始损伤有关。围压对渗透性影响显著，施加的围压越高，渗透率越低。当围压达到一定的"临界压密压力"时，渗透率下降约 2 个数量级。与盐穴所处深度围岩的应力状态相比，超过"临界压密压力"时夹层的渗透率可以很好地代表盐穴储库围岩的渗透率，即渗透率约为 10^{-18} m^2 或更低。

5.4.1.2 盐岩和界面渗透率测试

采用脉冲衰减压力法测量盐岩和界面的渗透率，所用的渗透介质是氩气（Ar），平均氩气压强为 1.5 MPa。对于所有试样，在初始阶段，渗透率测试是在 5~20 MPa 之间的围压范围下进行的，其目的是获得试样在原岩应力条件下的渗透率，并压实裂缝和模拟接近原位环境的条件。对于一般的机械仪器，在偏应力（$\Delta\sigma = \sigma_1 - \sigma_3 = \sigma_1 - p_c$）大于零之前，轴向应力（$\sigma_1$）等于围压（$p_c$）。因此，对于围压（$\Delta\sigma = \sigma_1 - p_c = 0$）加载的整个过程，使用静水压力来描述试样所经历的应力状态；当偏应力超过零时，使用围压加以描述。在试样处于静水压力状态的整个过程之后，保持围压为 20 MPa，并以 10^{-5} s^{-1} 的变形速率施加偏应力，以 10 MPa 的增量达到最大值 40 MPa，并在每个步骤中通过停止三轴装置的变形活塞来测量样品的渗透性。然后将样品完全卸下，分别在 20 MPa 和 5 MPa 的静水压力下再次测量渗透率。

对于纯盐岩样品，在开始时，当静水压力为 5 MPa 时，对应的渗透率高达 1.46×10^{-16} m^2，比充分压缩的盐岩几乎高出 4~5 个数量级。这表明盐岩颗粒之间发生了位错和滑移，并发生了破坏。再将静水压力增加到 20 MPa 后，渗透率降低到 6.00×10^{-17} m^2，表明压缩导致微裂纹重新闭合，同时降低了连通性。施加偏应力（$\Delta\sigma = \sigma_1 - \sigma_3$）后，渗透率进一步降低。对于 10 MPa 的偏应力，渗透率下降到 1.29×10^{-17} m^2，随着偏应力进一步升高至 20 MPa、30 MPa 和 40 MPa，试样渗透率下降至设备的测试精度（10^{-21} m^2）以下。

对于泥质盐岩（杂质不小于 25%），当静水压力为 5 MPa 时，渗透率高达 1.11×10^{-15} m^2，几乎比相同条件下的纯盐岩高出 1 个数量级，表明试样中杂质越多，损伤越严重。当静水压力升至 20 MPa 时，渗透率降至 2.02×10^{-18} m^2，表明微裂缝和裂隙重新闭合，孔隙连通性大幅降低。与纯盐岩相比，含泥盐岩的渗透率对静水压力的敏感性似乎更明显，即当静水压力从 5 MPa 变化到 20 MPa 时，渗透率降低了 99.8%，高于纯盐的 58.9%。随着偏应力的逐步增加（保持围压不变），渗透率仍逐渐降低，直到偏应力为 20 MPa。除此之外，偏应力为 30 MPa 和 40 MPa 时，渗透率演化趋势略有变化，但数值保持在 10^{-19} m^2 左右。

与纯盐岩相比，含泥盐岩的密封性能要差一些。尽管如此，含泥盐岩的渗透率仍然很低，可以满足储存天然气时对储库密闭性要求。然而，储气库的设计和管理不仅应包括密闭性，还应包括稳定性。虽然泥质盐岩的渗透率比纯盐岩高得多，但泥质盐岩层中盐穴的体积收缩将远小于纯盐岩中盐穴的体积收缩。

根据界面渗透率演化的研究结果，可以推断出界面的两个基本性质：（1）界面的渗透率高于泥岩和盐岩，但其值始终保持在 10^{-17} m^2 左右，仍属于低渗透介质；（2）界面处夹层和盐岩的胶结作用非常强，因此即使当偏应力很高时，渗透率也未出现激增现象。

5.4.2 腔体周围气体渗流数值模拟

5.4.2.1 渗透率的设定

A 夹层渗透性

如果围压很低（约 2 MPa），泥岩夹层的渗透率高达 10^{-16} m^2；然而，当围压在 2~5 MPa 范围内增加时，渗透率迅速降低约 2 个数量级，然后保持非常稳定。作者认为，渗透率降低的原因与钻井过程中岩芯的应力松弛、制样过程中的损伤及试验前样品的干燥等因素有关，这些因素导致微裂缝重新张开并连通，从而在低围压下获得较高的渗透率。随着围压的增加，裂缝重新闭合，连通性降低，渗透率迅速减小。对于与盐穴相交的夹层，虽然盐穴溶蚀引起一定的应力松弛、力学损伤或裂隙贯通，但围岩仍处于充分压缩状态，因此夹层的渗透率应采用超过临界压密压力测试时所得结果。

B 界面渗透性

界面渗透率随围压和偏应力的增加而线性减小，即使偏应力非常高，该趋势也不会改变。然而，不同测试条件下界面渗透率的变化很小，总是在 10^{-17} m^2 左右。虽然界面渗透率比夹层高 1 个数量级左右，比盐岩高 2~3 个数量级，但严格考虑其值为 10^{-17} m^2，仍属于低渗透岩石。需要注意的是，气体沿界面的渗流将比夹层和盐层中的渗流快得多。

C 盐岩渗透性

对于盐岩，人们发现其初始渗透率非常低。然而，盐穴的造腔时间持续 4~5 年，这么长的时间足以让盐岩的损伤自我修复，只要盐岩所处环境足够湿润。所以，盐岩的渗透率在压缩良好的情况下，应该是处于极低的数量级。从上述研究中可以发现，纯盐岩试样被充分压缩后，其渗透率低于 10^{-21} m^2；而即使是泥质盐岩（杂质比例高），其渗透率也维持在 10^{-19} m^2。所测试的试样中，盐岩中的杂质比例最高接近于 30%，因此盐岩的渗透率应该在 10^{-21} m^2 和 10^{-19} m^2 之间。

5.4.2.2 数值模拟建模

盐穴设计为椭球体，腔体的最大直径为 70 m，高度为 120 m。盐穴部分有 3 个主要泥岩夹层，厚度为 2.5~3.5 m，界面设置为 0.3 m 厚的岩层。使用典型有限差分模拟软件 FLAC³D 建立三维地质力学数值模型。该模型的长度为 480 m，厚度为 170 m，高度为 440 m。由于模型的对称性，只建立了半个腔体，位于正面的中心。水平方向盐穴距离模型边界尺寸均大于 6 倍盐穴半径（240 m>6×35 m=

210 m），满足渗流边界设置。在高度方向上，由于顶部盐层和底部盐层的封闭作用，气体运移至上下泥岩层的可能性很小，因此上下位置的泥岩层厚度均为150 m，略薄于层状盐岩地层。考虑到盐穴附近的围岩是主要渗流区域，单元尺寸采用小尺寸网格划分，以提高模拟精度；而较远的单元以较大的尺寸网格划分以提高计算速度。在模型的顶面，上覆地层重力被简化为该面的面力，以减少计算量。其他五个面被设定为模型的防渗边界，均为横向位移约束。整个模型总共有 60840 个区域和 67025 个网格。建立的模型如图 5-7 所示。

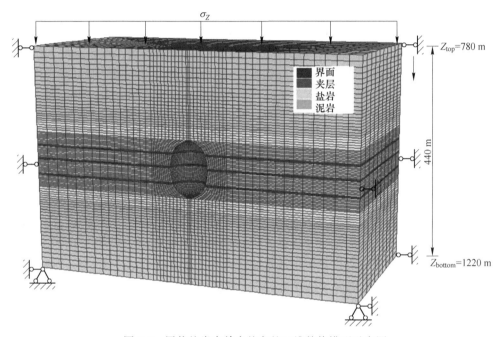

图 5-7　层状盐岩中单个盐穴的三维数值模型示意图

5.4.2.3　气体渗透和密闭性评价

通过模拟运行 30 年的盐穴储气库围岩中的气体渗透情况可以得出，与夹层和盐岩中的渗流相比，界面中的渗流运移距离是最大的。尽管夹层的渗透率比界面的渗透率低 1 个数量级，但夹层中的渗流距离和孔隙压力仅比界面中的小一点。这也表明，界面的渗透性对盐穴围岩中的气体渗流影响很大，特别是相邻夹层中的渗流。至于盐岩，除了在腔顶和腔底有较小的渗流距离外，在其他区域几乎不存在渗流。高渗透孔隙压力出现在界面和夹层中，但它们的区域非常小，最多只能在盐穴表面造成一个小区域的局部破坏。从整体上看，渗流速度非常缓慢，盐穴附近的渗流距离也非常小，因此盐穴储气库围岩的密封性是能够得到保障的。

5.4.3 密闭性总体评价

在所开展的研究中，证明了界面是影响盐穴附近气体渗出的关键结构。当界面具有高渗透性时，围岩中渗流距离会很大，孔隙压力也会很高。较大的渗流距离和较高的孔隙压力也会在相邻的夹层中出现。盐穴内储气压强和界面的渗透性对渗流距离和孔隙压力有显著影响，界面的位置影响不大。气体渗流只影响到盐穴周围的较小范围，因此在层状盐岩中，盐穴储气的密闭性是较为有利的。

5.5　本　章　小　结

本章首先介绍了盐穴储气库的密闭性评价准则，再分别从多个方面对老腔与新建溶腔的密闭性进行评价。对江苏省金坛盐矿某口试验井的层状盐岩岩芯进行了渗透率和力学性质的实验室测试，根据测试结果结合数值模拟探究了该层状盐层中天然气储气库附近的气体渗流特征，以评估储气库的密闭性。得出如下结论：

（1）层状盐岩的渗透率在 $10^{-21} \sim 10^{-17}$ m^2 的范围内，是渗透率极低的介质。当受到高围压和偏应力时，盐岩的渗透性降低至 $10^{-21} \sim 10^{-19}$ m^2，纯盐岩甚至表现为不渗透材料，在加卸载过程中表现出优异的塑性能力。泥质盐岩的渗透率较高，约为 10^{-19} m^2 数量级，其弹性变形能力比纯盐岩差。

（2）界面的渗透率始终在 $10^{-18} \sim 10^{-17}$ m^2 之间，属于低渗透介质，但变化范围远小于盐岩。即使在非常高的偏应力下，也没有出现扩容和随之而来的渗透率激增，这表明界面具有强胶结和致密的微结构。界面的这些性质有利于层状盐层中储气库的密闭性和稳定性。结合之前的研究，扫描电镜测试显示了层状盐岩致密的微观结构，直接证明了目标盐层令人满意的密闭性。

（3）气体渗流的数值模拟结果表明，界面是气体渗流的主要通道，气体沿着界面渗透最快，孔隙压力增加最多。当夹层的渗透率比界面的渗透率大 1~2 个数量级时，夹层中的渗透距离与相邻界面的渗透距离略有不同。总体而言，盐岩中的渗流速度极慢，不会对盐穴围岩的密封性产生显著影响。

关于在不良地质条件下废弃盐穴的密闭性和适用性评价，开展了岩石力学特性测试、不同地质条件及运行工况下盐穴围岩气体渗漏特征探究。主要结论和建议如下：

（1）目标地层层状盐岩的力学性能对于碳氢化合物储存盐穴的稳定性是有利的。在三轴压缩试验下，盐岩的大变形和应变硬化非常明显，夹层强度高于盐岩的强度，有效地制约了相邻盐岩的变形，有助于维持盐穴的稳定性。盐岩与夹层界面表现出介于盐岩和夹层之间的力学性质，并非弱面。

（2）粉砂质泥岩夹层的渗透率在 $10^{-17} \sim 10^{-15}$ m^{2}之间，次生盐岩填充裂缝的存在和黏土矿物的含量较低可能是其渗透率较高的原因。损伤盐岩的渗透率约为 $10^{-17} \sim 10^{-16}$ m^2，表明损伤对盐岩的渗透率有不利影响。

（3）夹层的渗透性对盐穴周围的气体渗出有根本性影响，夹层是气体渗出的主要通道。夹层的渗透率越高，渗流范围就越大，夹层中的孔隙压力也会越高，相邻盐岩中的孔隙压力也会因此升高。

（4）通过对三种情形下盐穴的密闭性和适宜性评价，建议若盐穴用于储存天然气时，夹层的有效渗透率应小于 10^{-17} m^2；而当利用盐穴储存石油时，夹层渗透率不应高于 10^{-16} m^2。对于含有渗透率较高夹层的盐岩地层，建议回填碱渣之类的无毒废弃物。

6 盐穴溶腔改造利用与储能新方向

6.1 我国盐穴老腔及利用现状

国内井矿盐开采历史悠久，在采卤制盐的过程中形成了大量的闲置老腔，老腔利用是一个既能加快盐穴储气库建设周期，又能降低盐穴储气库建设成本的最有效的途径。

6.1.1 单井单腔老腔

单井单腔类型老腔改造利用是伴随着原中石油金坛储气库的建设开始的，原中石油金坛储气库位于江苏省常州市金坛区直溪镇金坛盐矿。金坛盐矿矿区面积60.5 km²，矿石储量 162.42 亿吨，氯化钠储量 125.38 亿吨，有 5 个盐业开采矿区，年生产规模约为 300 万吨。1988 年第一口盐井-茅 1 井开始采盐，到现在积累了大量的老腔。2005 年，中石油在对金坛盐矿老腔全面调研的基础上，制定了一整套老腔筛选评价利用的程序对金坛盐矿 43 口老腔进行了逐一筛选，最终选择 6 口老腔进行了改造利用（其中 5 口投入注采气生产、1 口作为观察井使用），形成腔体净体积共计 72 万立方米左右，库容大约 8900 万立方米，工作气约 5000 万立方米。2012 年，金坛港华燃气公司再次利用中盐老腔 3 个，形成腔体体积 50 万立方米、库容 7000 万立方米、工作气 4000 万立方米。目前，中盐正在对其他老腔进行筛选评价，计划继续改造利用老腔。

单井单腔类型老腔改造利用的关键技术路线是：（1）筛选，从地质条件来看，需具备良好的盖层、邻近断层及裂缝发育少、规模小等；从腔体条件来看，需具备一定的腔体体积以满足经济性要求、与邻近腔体之间满足安全矿柱要求、腔体之间无串通、具备一定厚度顶板；从地面条件来看，井口与周围建筑物等满足安全距离要求。（2）评价，包括密封性评价和稳定性评价。（3）改造，对老腔原有井筒进行套铣，按照储气库标准重新下入完井管柱。

6.1.2 对接连通老腔

采取金坛盐矿单井单腔的方式进行采卤制盐的盐矿非常少，有些盐矿早期有些零散的单井单腔，现在都普遍采用对井连通方式进行开采，并且以定向水平对接连通井的开采方式为主。对井连通开采主要有以下几个优点：（1）经过较短建槽期就可以返出高浓度卤水；（2）产能大幅提高，一组水平对接井产能是一对直井产能的 2~4 倍；（3）井下事故极少，卤水井生产修井处理费用大幅降低；（4）自下而上逐层开采，服务年限较长；（5）最大限度利用矿区盐岩资源，采收率较高，经济效益较好。

2017 年，中石油金坛储气库在江苏淮安开展了对接连通老腔改造利用工程试验研究。首先通过对盐矿历史采卤生产数据的分析初步筛选出体积较大并且顶板未被溶蚀的对接连通老腔，然后通过修井和测井进一步筛选出井筒条件较好、便于后续声呐仪器下入进行声呐检测的对接连通老腔，最后进行声呐检测确定腔体的体积与形状。由于定向水平对接连通井井距较大，当从其中一口井注水、另一口井采卤时，卤水在流经定向水平通道前或者一部分后就达到饱和。因此，在开采初期，溶蚀只发生在两口井周围 40~50 m 范围，水平连接通道几乎无法被溶蚀，在后续的开采过程中也一直如此，而两口井分别由于不溶物沉渣导致腔体底部逐步抬升。因此，对接连通的两口井的声呐检测结果是只检测出直井和定向井井眼周围、距离钻井初始井底 200 m 处的腔体的体积与形状，也再次验证了对接连通井井距较大时，两口井之间的连通通道几乎不被溶蚀，盐矿企业最初设想通过水平对接连通实现自下而上分层开采、最大程度利用矿区盐岩资源的想法无法实现，需要找到井距的临界值从而优化钻井实施。

对接连通老腔的改造利用暂时还没有完整的工程实践，但是改造利用的思路已经基本清晰，除应用单井单腔老腔筛选评价及改造利用技术之外，需要重点考虑的是注气排卤工艺。目前大致上有以下几种方案：在两口对接连通老腔之间再钻一口新井与水平连通通道相连，如果钻井过程中井眼与水平通道有一定的偏差，可以对新井溶蚀一段时间使之与水平通道相连，然后从两口老腔同时注气，新钻井眼排卤；对原有的两口对接连通老腔直接进行套铣，分别进行注气排卤；封堵原有两口老腔，分别钻两口新井与两口老腔连通，进行注气排卤。方案可以根据技术经济对比取舍。

6.2 盐穴储碳安全评价

6.2.1 盐穴储碳背景

作为主要的温室气体之一，CO_2 极大地导致了气候变暖和天气变化。2020年，中国承诺力争到 2030 年实现二氧化碳排放峰值，到 2060 年实现碳中和。作为世界上最大的能源消费国和二氧化碳排放国，中国的排放量占全球总量的30%[93]。减少二氧化碳排放对全世界来说都是非常重要和紧迫的。因此，二氧化碳捕获与封存（CCS）和碳捕获、利用与封存（CCUS）被提出作为实现碳减排目标的两种主要途径。CCS 是指将 CO_2 从工业或相关排放源中分离出来，运输到封存地点，并与大气长期隔离的过程。这项技术被认为是未来大幅减少温室气体排放、减缓全球变暖最经济可行的方式。作为 CCS 的新发展趋势，CCUS 首先将生产过程中排放的 CO_2 先净化，然后通过新的工艺技术加以利用，而不是简单的封存。与 CCS 相比，CCUS 可以实现碳循环，从而产生经济效益，提供更实用的运行模式。为了减少 CO_2 排放，CCUS 和 CCS 是极其重要的。

对于 CCS，CO_2 封存的潜在选择包括地下地质封存、深海封存和矿物碳酸化[94]。矿物碳酸化的二氧化碳意外释放风险最低，被广泛认为是在地质时间尺度上真正处理二氧化碳的唯一方法。然而，因为价格低、可行性高、分布区域广和环境问题，CO_2 的地下地质处置仍然被认为是最可行的方法。地下地质封存包括盐水层、枯竭油气藏、不可开采的煤层、玄武岩地层、地下环境中 CO_2 的水合物储存以及盐穴[95]。

在 CCUS 系统中，二氧化碳储存可以是永久性的和临时性的。如果是临时性的，储存的二氧化碳将用于未来的生产。然而，如果二氧化碳被注入盐水层或枯竭的天然气/石油储层，可能很难回收。从盐水层或枯竭的天然气/石油储层中回收 CO_2 的缓冲气量相当大，为总储气量的 50%~80%。相比之下，从盐穴中回收 CO_2 的缓冲气量要小得多，约为 30%[96]。也就是说，在常规地质油藏中处置的开采方案是不适用的，而盐穴是一个潜在的选择，因为储存在盐穴中的 CO_2 可以回收，并且缓冲气量少于盐水层或枯竭油气藏。盐穴中二氧化碳的储存也被用于解决电气转化的难题。

在中国，一些 CCS/CCUS 试点示范项目已经投入运行。神华集团在内蒙古鄂尔多斯开展 10 万吨/年示范项目。中国石化胜利油田开展了 4 万吨/年提高石油采收率示范项目。但现有项目规模相对较小，难以满足大规模 CCS/CCUS 的要求。此外，作为中国主要能源消耗和二氧化碳排放地区之一的中东部地区，盐矿资源丰富，但缺乏含水层或枯竭油气藏。因此，可以考虑在该地区的 CCS/CCUS 项目中使用盐穴来储存二氧化碳。

本节介绍了 CO_2 在盐穴中的储存/处置及基于盐穴 CO_2 储存的碳循环模型。研究旨在评估盐穴长期、中期和短期地下 CO_2 处置/储存的稳定性和适用性。盐穴中的 CO_2 封存可分为两种类型，储存的 CO_2 密度可以超过 700 kg/m^3，此时的储量是相当可观的。在 CCS 的长期（>1000 年）和中期（不同深度的盐穴 100~1000 年）处置/储存中，分析了盐穴气体压强和体积变化、盐穴围岩的位移和塑性区，得出了适合长期处置 CO_2 的盐穴深度，分析了适合中期处置/储存的深部盐穴使用寿命。在短期储存方面，根据 CCUS 的要求和新型碳循环模型，分析了盐穴内压和体积变化、位移、塑性区和围岩安全系数，并与地下储气库（UGS）

相同条件下的结果进行了对比。与此同时，讨论了盐穴 CO_2 封存的适用性，利用盐穴储存 CO_2 的工作密度远高于 CH_4 的工作密度，CO_2 的储存/处理能力是巨大的。

6.2.2 CO_2 长期储存

在本节中，对 800~2000 m 深度范围内储存 CO_2 盐穴的稳定性进行了评估，时间范围为 1000 年。这一时间尺度足以证明在层状盐层中储存/处理 CO_2 的可行性，也为缺乏其他地质储存条件的区域，提供了 CO_2 大规模储存的替代方案。

6.2.2.1 压强变化

在盐穴形成或 CO_2 已经储存在盐穴中之后，内部卤水/CO_2 压强总是低于原岩应力[97-98]。由于地应力的重新分布，盐穴围岩承受偏应力，根据式（6-1）可知，围岩表现出蠕变特性。随着盐岩的不断蠕变和变形，盐穴体积将不断缩小。当盐穴体积改变时，CO_2 的摩尔体积也随之改变。假设围岩完整未发生气体泄漏，当体积减小时，摩尔体积也减小，CO_2 压强随之升高，工作压强与地应力之差减小（偏应力减小），导致盐岩蠕变速率变缓。由此可以看出，压强变化和体积变化是相互影响的。

$$\dot{\varepsilon}_t = A \left(\frac{\sigma_1 - \sigma_3}{\sigma^*} \right)^n \tag{6-1}$$

式中，A 为材料常数，$MPa^{-n} \cdot a^{-1}$；n 为应力指数常数，无量纲；$\dot{\varepsilon}_t$ 为稳定蠕变速率；σ_1、σ_3 为最大和最小主应力，MPa；σ^* 为单位应力。

在盐穴存储空间中，内部气体压强与盐穴套管鞋处垂直应力的压强比（η_{pr}）是反映盐穴安全运行状态的重要指标。一般认为 η_{pr} 小于 0.85，以保证储能的安全运行[99]。随着储存在盐穴中的 CO_2 压强的增加，监测内压和 η_{pr} 的变化非常重要。

本节研究了 CO_2 处置/储存盐穴在不同深度的压强比（η_{pr}）的变化。深度范围超过 1000~2000 m，模拟的处置/储存时间尺度为 1000 年，所有深度的初始压强比（η_{pr}）设为 0.6，结果如图 6-1 所示。根据盐穴储气库的经验，一般认为该比值应小于 0.85，否则将存在泄漏风险。如图 6-1 所示，在盐穴中储存 CO_2 数百年期间，压强比（η_{pr}）不断增加，即内部储气压强在增大。由于内压与地应力之间的压差逐渐变小，导致围岩缓慢蠕变收缩，因此增压速度逐渐变慢。在相同的储存/处置时间内，盐穴越深，η_{pr} 值越高。因为深度越深，地应力越大，在压强比相同时，储气与地应力压强差会相对更大，围岩蠕变行为会更强。处置/储存 1000 年后，1200 m 及以上深度的盐穴压强比（η_{pr}）超过 0.85，盐穴深度为 1400 m、1600 m、1800 m 和 2000 m 时 η_{pr} 分别为 0.857、0.881、0.898 和 0.922。

同时，当盐穴深度为 1000 m 时，压强比（η_{pr}）为 0.825，小于 0.85。

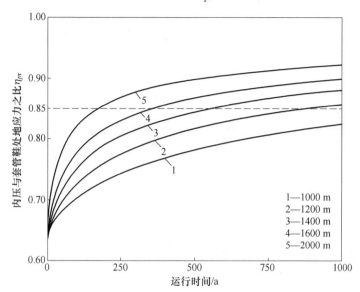

图 6-1　5 个不同深度的盐穴下压强比与运行时间之间的关系

此外，初始压强比（初始内压与埋深处地应力比值）不仅是一个安全指标，也是一个经济指标。初始压强比越大，盐穴中储存的 CO_2 越多。但是，较大的初始压强比可能会缩短盐穴使用时间，因为内部压强可能会提前达到阈值。为了得出盐穴 CO_2 封存的适宜初始压强比，考虑了不同埋深下不同的初始压强比值，进行了数值模拟。

不同初始压强比（分别设为 0.5、0.6 和 0.7）下 1000 m、1200 m 和 1400 m 深度处 CO_2 处置/储存盐穴数值模拟结果如图 6-2 所示。随着初始压强比的增大，运行 1000 年后，内部运行压强也显著增大（η_{pr} 也增大）。例如，埋深为 1000 m 时，不同初始压强比条件下 1000 年后 η_{pr} 分别为 0.785、0.825 和 0.865。此外，对于埋深为 1000 m 的盐穴，当初始内压为 0.5 和 0.6 倍垂直地应力时，最终压强比小于 0.85，而对于埋深为 1200 m 的盐穴，只有当初始内压为 0.5 倍垂直应力时，最终 η_{pr} 才小于 0.85。对于埋深为 1400 m 的盐穴，当初始内压分别为 0.5、0.6 和 0.7 倍地应力时，最终 η_{pr} 均大于 0.85。这表明处置/储存 1000 年后的 η_{pr} 只能通过降低深部盐穴的初始运行压强来满足，但对于太深的盐穴来说这样做是不可行的。同时这也表明，深部盐穴由于其较高的原岩应力，可能产生较大的蠕变行为，从而产生较大的偏应力。

在该研究中，寿命定义为套管鞋处运行内压与垂直地应力之比超过 0.85 的时间，如图 6-3 所示，543 年后，深度超过 1400 m 的盐穴 η_{pr} 均超过 0.85。173

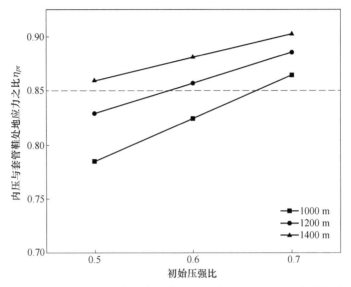

图 6-2 不同埋深盐穴内压与套管鞋处地应力、埋深处地应力关系

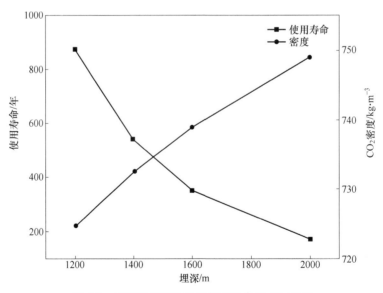

图 6-3 不同埋深下盐穴的使用寿命和 CO_2 密度

年后，2000 m 深度处的盐穴 η_{pr} 已超过 0.85。在最初的 100 年里，压强比增加最多，然后变化非常缓慢。盐穴越深，处置运行的寿命越短。如果使用更深的盐层建造盐穴，CO_2 应该在有限的时间（寿命）之前被采出，然后应采用卤水、固废等充填盐穴。例如，在 1600 m 的深度，储存 356 年后仍然安全，超过这一时间

则需要采出 CO_2 或实施其他控制方法（如降低内压以延长寿命）。考虑到 CO_2 也是一种工业原料，在某些情况下，可以考虑利用这种深度的盐穴。但鉴于时间尺度较长，应保持长期的监测和记录，以保证危险境况能够得到及时处理。这意味着可以使用不同深度的盐层。更深的地层寿命更短，但更深的地层也有优势：更高的运行压强、更大的 CO_2 储存/处置密度（如图 6-3 所示）和更大的体积。深度越深，CO_2 密度越高，然而密度的增长速度远小于寿命的下降速度。因此，盐穴埋深较大时的储存能力（由寿命和密度评估）小于浅部盐穴。

因此，从 η_{pr} 的角度来看，盐穴 CO_2 封存可分为两种：（1）长期处置对于埋深较浅（小于 1000 m）的盐穴，其寿命约为 1000 年；（2）大埋深（超过 1000 m）盐穴 CO_2 的中期处置/储存，盐穴的寿命为 100~1000 年。

6.2.2.2 体积收缩率

作为稳定性和储存能力评价的重要指标，盐穴的体积收缩率常被用来表示盐穴的体积变化，其计算公式如下：

$$n = \frac{V_{\text{loss}}}{V_0} \times 100\% \tag{6-2}$$

式中，n 为体积收缩率；V_{loss} 为体积减少量；V_0 为原始盐穴体积。

对于服务年限仅为 30 年的盐穴储气库，通常认为体积收缩率不应超过 30%[100]。相同初始压强比条件下不同盐穴深度的模拟结果如图 6-4 所示。随着运行时间的增加，体积收缩率不断增大，但增大速度不断减小。这是因为体积收缩率增大，导致盐穴体积减小，从而使工作压强增大，压差减小（围岩偏应力降

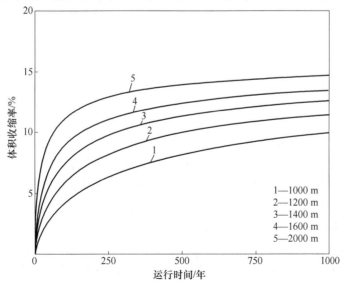

图 6-4 5 种不同盐穴深度的体积收缩率-运行时间演化曲线

低）。此外，运行 1000 年后，CO_2 封存盐穴在 1000~2000 m 埋深处的体积收缩率分别为 9.96%、11.50%、12.62%、13.47% 和 14.68%，均远小于 30%，但体积收缩率随着盐穴埋深的增加而增加。这是因为深度越大，原岩应力越大，相同初始压强比下气压与原岩应力的压差越大。类似地，相同深度和不同初始压强比的模拟结果如图 6-5 所示。初始压强比越小，最终体积收缩率越大。例如，在深度为 1400 m 的盐穴中，当初始压强比为 0.5、0.6 和 0.7 时，体积收缩率分别为 20.40%、12.62% 和 7.28%。这说明合理的初始压强是非常重要的，因为初始压强较低会导致体积收缩率高，不利于盐穴储库的稳定，而初始压强高则会因储库收缩而达到套管鞋处地应力的 85% 以上，导致顶板破碎和套管鞋处气体泄漏。因此，综合考虑初始内压是值得关注的。

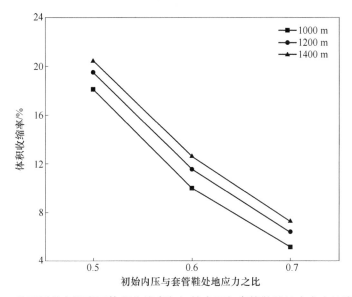

图 6-5 3 种不同盐穴深度下体积收缩率与初始内压与套管鞋处地应力之比演化曲线

6.2.2.3 围岩位移

围岩位移作为一种直观的稳定性评价指标，广泛应用于盐穴的稳定性评价。最大位移发生在腔体的腰部，其次是顶板。当围岩中存在夹层、腔体底部存在沉渣时，往往有利于减少围岩位移。因此，选择不同埋深下腔体腰部的一个点来反映位移变化规律，如图 6-6 所示。随着运行时间的增加，位移逐渐增大，且盐穴深度越大，位移越大。埋深从 1000 m 增加至 2000 m 过程中，运行 1000 年后盐穴腰部监测点位移分别为 1.75 m、2.044 m、2.259 m、2.423 m 和 2.662 m。结合体积收缩率来看，不同条件下腔体围岩的位移相当小，远小于阈值。

不同初始内压下的位移变化如图 6-7 所示。随着初始压强的增加，腰部位移

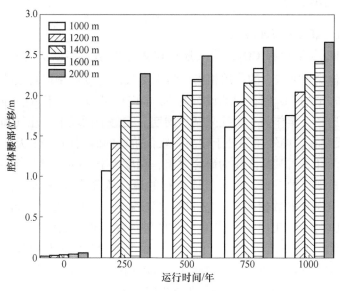

图 6-6　5 个不同深度盐穴腰部位移

不断减小。埋深为 1400 m 时，不同初始内压下盐穴腰部位移分别为 3.66 m、2.26 m 和 1.31 m，即在较低的初始压强下，围岩位移较大。

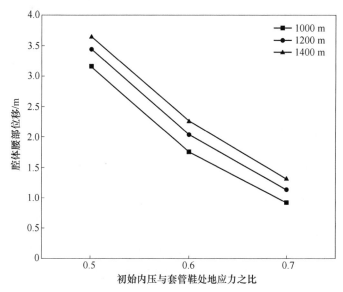

图 6-7　3 种不同盐穴深度下盐穴腰部位移与初始内压和套管鞋处地应力之比演化曲线

6.2.3 CO_2短期储存

6.2.3.1 压强和体积变化

除了中期/长期储存 CO_2，盐穴还可以用于短期储存以协助 CO_2 循环利用，其功能与其他类型 CCUS 的作用相当。与天然气的连续注采运行模式相似，在该研究中，盐穴中的 CO_2 储存周期设置为 30 年进行模拟。由于风能等可再生能源的间歇性，选择一年作为一个注采循环周期。在每个循环中，注气和采气阶段分别需要 20 天左右，储气压强处于较高和较低阶段的时间均为 81 天。

选择我国江苏省某盐穴作为研究对象，深度为 1910 m，其他条件与 6.2.2 小节中的数值模拟参数一致。设置气体运行的最高压强为 32 MPa，并设置了四种不同的最低压强开展数值模拟，12 MPa（工况 1）、14 MPa（工况 2）、16 MPa（工况 3）、18 MPa（工况 4），并对相应的腔体稳定性进行评估。气压运行变化如图 6-8 所示。在低压运行期间，由于盐岩蠕变使得盐穴体积收缩，腔内压强升高到一定程度。例如，在工况 1 中储存 CO_2 的情况下，低压运行的第一年压强从 12 MPa 上升到 12.23 MPa。在高压作业过程中，由于气体的注入，腔内气压逐渐升高，盐穴体积的减小受到很大限制。高压作业初期，由于盐穴体积膨胀，压强从 32 MPa 下降到 31.82 MPa，此后盐穴体积逐渐减小，压强逐渐升高。此外，随着运行周期的增加，高压下气体压强变化范围增大，低压下气体压强变化范围减小。

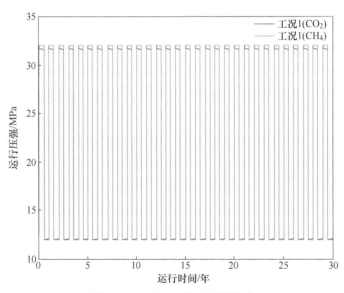

图 6-8 CO_2 和 CH_4 储存压强变化

如图 6-9 所示，比较了工况 1 下 CO_2（使用 PR 状态方程）、CH_4（同样使用

PR 状态方程) 和工况 2~工况 4 下 CO_2 储存 30 年后的体积收缩率的变化。单独储存 CO_2 和 CH_4 时的体积收缩率几乎相同，30 年后的最终体积收缩率分别为 44.09% 和 43.72%，相差 0.85%。随着最低内压的增加，30 年后不同工况下体积收缩率越来越小，分别达到 44.09%、34.87%、27.76% 和 21.02%，由此可见设定适当的最低运行压强非常重要。因此，从安全操作的角度来看，16 MPa 或以上的最低运行压强较为合适。

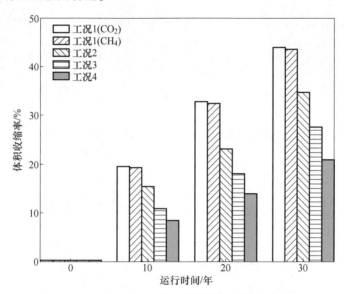

图 6-9　不同工况下的体积收缩率与运行时间关系

6.2.3.2　位移

图 6-10 显示了不同工况下运行 30 年后盐穴围岩的位移等值线。最大位移发生在盐穴腰部，与长期储存结果相一致，分别为 7.085 m、7.051 m、5.518 m、4.273 m、3.314 m。在工况 1 中，盐穴 CO_2 和 CH_4 储库之间的位移差为 0.056 m，差距十分微小。在工况 1 (CO_2)、工况 2、工况 3 和工况 4 中，随着最低运行压强的增加，围岩位移逐渐减小。不同工况下运行 30 年后盐穴储库腰部的位移情况如图 6-11 所示。腰部位移的变化规律与体积收缩率较为相似，均随着最低运行压强的增加而减小，同时盐穴 CO_2 及 CH_4 储库在同等工况下的围岩变形极为接近。

6.2.3.3　围岩塑性区

作为评估盐穴稳定性的另一种常用指标，判断围岩是否发生塑性破坏的塑性区通常由莫尔-库仑准则确定：

$$\tau = c + \sigma\tan\varphi \tag{6-3}$$

式中，τ、σ 分别为剪切破坏面上的抗剪强度和法向应力，MPa；c 为岩体的内聚

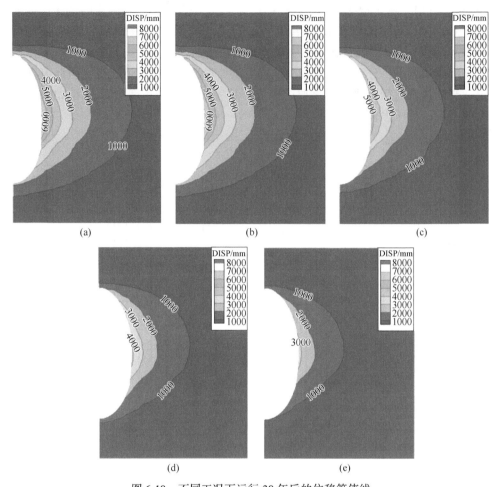

图 6-10   不同工况下运行 30 年后的位移等值线

（a）工况 1（CO_2）；（b）工况 1（CH_4）；（c）工况 2；（d）工况 3；（e）工况 4

力，MPa；φ 为岩体的内摩擦角，（°）。

采用相对塑性区（即塑性区体积与盐穴原始体积之比）对塑性区体积进行分析。图 6-12 给出了五种不同运行条件下相对塑性区和时间之间的关系。工况 1 中，运行 30 年后盐穴 CO_2 和 CH_4 储库的相对塑性区体积差别不大，分别为 475.38% 和 483.82%。随着最低内压的增加，30 年后盐穴 CO_2 储库的塑性区体积（工况 1（CO_2）、工况 2、工况 3、工况 4）呈下降趋势，从 475.38% 下降到 160.00%。盐穴 CO_2 储库围岩塑性区的变化与位移和体积收缩率一致，较低的最低内压导致塑性区增大。因此，适当的提高最低内压尤为重要。

6.2.3.4   盐穴储存天然气与储存 CO_2 比较

在 30 年的服务期内，在相同的运行条件下，比较了盐穴储存 CO_2 和储存

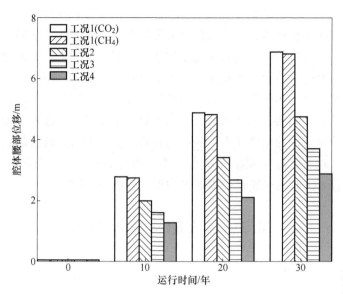

图 6-11　5 种不同工况下的盐穴腰部位移

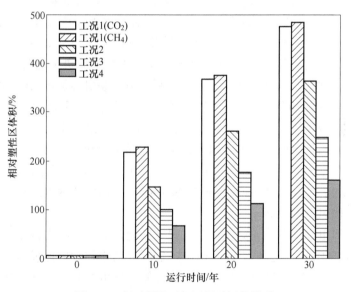

图 6-12　相对塑性区与运行时间的关系

CH_4 的体积收缩率、围岩位移和围岩塑性区，两者之间略有不同。与 CO_2 的长期地质封存不同，对于 CO_2 的注采循环，单个循环的高/低压运行阶段的持续时间是有限的。由于高/低压运行阶段盐岩的蠕变行为，因此即使在有限的时间内盐穴的体积也会发生变化。然而，因为注采作业是周期性交替的，所以上述现象是非累积性的，不同于长期储存会导致套管鞋处的内压与垂直地应力之比过高。

每次气体注采循环后，盐穴内部压强发生变化，并达到预期的运行压强，即进入低压或高压运行阶段。盐岩蠕变导致盐穴体积发生变化，进而导致围岩所受气体压强作用改变。然而，当低压或高压运行阶段完成时，在下一次气体注采之后，接着是又一次高压或低压运行，内部压强改变并达到预期的运行压强。压强和体积变化是基于原始盐穴体积而言，由于短期储存时以上过程所带来影响的不可累积性，从稳定性的角度来看，利用盐穴短期储存 CO_2 是可行的。然而，由于盐穴储存 CO_2 时通常处于超临界状态，考虑到超临界 CO_2 独特的理化及运移特性，盐穴储存 CO_2 时的气密性仍需通过物理试验进一步探究。

6.3 盐穴储氢安全评价

6.3.1 盐穴储氢技术介绍

风能、太阳能等可再生能源的整合对于促进低碳发展和环境保护具有重要意义。在所有类型的可再生能源中，风力发电的发展是最繁荣的。欧洲风能协会（EWEA）制定了到 2020 年欧盟海上风电装机容量为 40 GW 的目标，而欧洲领先的海上风电开发商已经提出或正在开始开发超过 100 GW 的海上风能项目[101]。作为世界上最大的碳排放国，中国投入了大量资金来促进风力发电的发展。自 2011 年以来，中国已经超过美国，成为世界上风电装机容量最大的国家[102]。

中国风电装机容量虽然实现了快速增长，但仍面临电网可用性、利用率低等严峻挑战。众所周知，风力发电具有间歇性、波动性和不连续的特点。风力发电的电力接入电网是十分困难的，风力发电并网后的剩余电力不得不放弃。例如，2000—2017 年，中国风电装机容量已增加到 20 GW，但弃风率高达 12%~20%，平均值为 17%，2016 年弃用风电 497 TW·h[103]。风电并网困难在很大程度上严重阻碍了中国风电的发展。

要解决风电的间歇性，必须配置大规模储能设施。抽水蓄能（PHES）、压缩空气蓄能（CAES）和地下储氢（UHS）是解决风能和太阳能发电"削峰填谷"的三种可能技术[104]。目前，全球 97% 的存储容量由 PHES 提供，未来风电储能水平至少要求太瓦时级，储能周期可能延长至数周或数月。抽水蓄能的发展受到适宜选址稀缺及其低能量密度的严重限制，而压缩空气蓄能的能量密度较低，难以大规模推广。

UHS 是目前唯一具有 100 GW·h 范围内单个储能系统技术潜力的方法[105]。图 6-13 给出了通过利用地下空间（如盐穴）来平衡可再生能源波动的大规模地下储氢的示意图。首先，多余的电力通过水电解转化为氢气（H_2），然后储存于地下设施中。在电力峰值负荷期间，H_2 可以通过燃料电池重新转化为电能，以补充电力输出。H_2 具有较高的能量密度，同时最重要的是，整个利用过程中制氢的原料和副产物都是水，因此没有任何污染物和碳排放。此外，H_2 作为清洁燃料或工业材料有多种用途，如冶金、合成氨等。

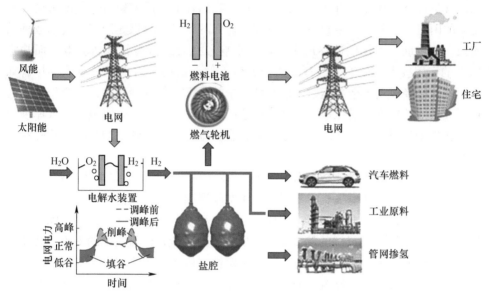

图 6-13   中国未来可再生能源与 UHS 耦合平衡示意图

可用于氢气大规模存储的地下空间包括含水层、枯竭油气藏、盐穴、人造硐室等[106-107]，但含水层和枯竭油气藏对于实现纯氢储存仍存在一些缺点。与含水层或枯竭油气藏中的地下储氢相比，盐穴地下储氢具有独特优势：（1）盐岩具有致密结构、极低的渗透率（$\leqslant 10^{-20}$ m^2）、低孔隙度（$\leqslant 0.5\%$）和损伤自愈合能力，盐穴已经广泛用于储存天然气、石油和化工废物；（2）盐穴的工程条件比其他储层更适合，例如，盐穴通常具有 10 万~100 万立方米的空间，深度范围为 600~2000 m，非常适合经济高效地储存高压氢气；（3）总体而言，盐穴中的地下储氢与含水层和枯竭油气藏相比费用最低，如盐穴仅需要总气量的 1/3 作为垫气，但含水层和枯竭油气藏需要总气量的 50%~80%。因此，到目前为止，盐穴是唯一成功实施地下储氢的储层。

地下储氢盐穴的能量密度可以达到约 300 kW·h/m^3，几乎相当于锂离子电池的能量密度，一个盐穴就能储存数千吨氢气。通常，几十个盐穴可以一起使用，形成一个巨大溶腔群，其整体储能规模非常可观。例如 20 个深度均为 1000 m、体积均为 50 万立方米的盐穴构成的腔群，同时用于地下储氢，总存储量可以达到约 1700 GW·h 的电力，以及 14 GW 的装机容量。因此，盐穴中的地下储氢不仅被认为是最有前途的选择，而且也是未来可再生能源大规模长期储能的关键技术。

现有的地下储氢场所都位于盐丘中，其地质与工程条件相对简单，可以更容易地建造大型盐穴。然而，中国的盐岩主要是层状结构，盐层薄、非盐夹层多、杂质含量高且整体厚度有限。与盐丘相比，在这样的盐层中建造储气库可能面临更多的困难。此外，大多数提及地下储氢盐穴的参考资料仍处于宏观规划或评估阶段，如选址、大规模储存成本、环境影响和社会经济可行性研究等，而盐穴UHS的实用技术报道很少，对层状盐岩地下储氢的指导价值十分有限。尽管如此，我国已经成功建造并运营了层状盐岩中的地下天然气储气库，如金坛盐矿的地下天然气储气库，潜江盐矿、平顶山盐矿和淮安盐矿等十余座地下储气库项目也正在规划和建设中。这些经验为层状盐岩地层氢气储库建设提供了借鉴和信心。

与甲烷（天然气的主要成分）相比，氢气的分子更小，化学性质更加活泼，黏度系数更高，因此氢气更容易通过微小空间泄漏或者与其他物质发生反应。此外，为了匹配风力发电的调峰，需要更复杂的注采运行模式（注采气之间频繁切换）来应对不同时间尺度的储能需求。所以，地下盐穴储氢面临的困难，要比盐穴天然气储库更大、更复杂，对盐穴的稳定性和密封性的要求也更加苛刻。为了在层状盐岩中实现地下储氢，需要进行一系列专门和系统的研究，以确定其可行性，然后才能为地下储氢盐穴的建设和运行确定合适的地质条件和运行规划。

6.3.2 盐穴储氢初步选址

本小节拟将江苏省风力发电并网后的剩余电量用于电解水制氢。金坛盐矿是一个位于江苏省的层状盐岩区块，已被选择为地下储氢可行性评估的重点试验区块。围绕金坛盐穴储氢，作者已开展了一系列的研究，如盐层的圈闭条件和盖层的封闭性、基于数值模拟研究了地下储氢盐穴的稳定性和密闭性、结合江苏盐矿开采情况和调峰需求预测了未来对盐穴储氢库的需求情况等。

江苏的风源具有典型的季风特征，因此需要跨季节储能来调节风力发电。江苏有三处盐矿，金坛盐矿、淮安盐矿和丰县盐矿。因此，盐穴地下储氢是江苏风力发电的首选。目前，金坛盐矿已有 30 多个储气盐穴（包括 6 个老腔），此处选择金坛盐矿作为层状盐岩中地下储氢可行性评估的潜在地点。

金坛盐矿位于常州市金坛区，是白垩纪至第三纪形成的湖相层状盐矿，埋深 900~1100 m，含盐面积 60.5 km²。作为层状盐岩，该盐矿的区域构造和圈闭条件与盐丘有很大不同。金坛盐穴储气库的建设始于 21 世纪初，2007 年实现第一批盐穴老腔储气，这是中国第一个层状盐岩中盐穴型地下储气库项目，关于地下盐穴储气库的理论和经验还很少。目前众多研究人员针对地下储气库在所选区域的安全性开展了一定研究，但主要集中于围岩的稳定性和密闭性上。在金坛盐矿，盐岩开采和地下储气库建设同时进行，压缩空气蓄能和战略石油储备也在规划之中。因此，有必要研究整个矿区的区域构造和圈闭条件，以便选择合理的、多用途的盐穴利用方案。此外，无论储存介质是天然气、压缩空气还是氢气，储气库不仅是一个地下空间，也是一个特殊的气藏储层。从这一层面来讲，应当阐明盐穴储氢的密闭性，包括相关岩体的孔隙度和渗透率特性，以及盖层和围岩的细观结构。

6.3.3 盐穴储氢可行性评估

6.3.3.1 盖层物理密闭性

盖层的密闭性对油气藏具有重要意义。盖层主要由盐岩-石膏和泥岩组成，其中泥岩盖层约占 70%，是地壳中分布最广的岩石。然而，由于泥岩在岩石物理特性上的巨大差异，其密闭性也会产生较大变化。因此，必须探明金坛盐矿盖层的密闭性。盖层包括盐穴上方的盐岩顶板和泥岩地层，通常采用突破压力、孔隙度、渗透率和微观孔隙结构等指标来评价盖层的密闭性。盐穴上方一般保留一定厚度的盐层以保护套管鞋和顶板结构，由于盐岩的封闭性较好但存在破损风险，从而导致气体向上渗漏接触泥岩盖层，因此此处仅针对泥岩盖层（直接盖层）的封闭性开展研究。

A 突破压力

突破压力是表征油气藏盖层密封性最重要的指标，被定义为穿透盖层的最低流体压强，油气藏的规模量级和适宜的开采技术通常由突破压力所决定。氢气最有可能通过上覆岩层逸出，与地下储氢盐穴上方盖层的密闭性密切相关。

在测试之前，岩石样品应该先进行饱水处理，之后利用高压气体（如氮气）逐渐加压以取代样品中的水，直至气体完全穿透。气体穿透时所对应的气体压强称为突破压力。而由于所测试的泥岩含有黏土矿物和可溶性矿物（$NaCl$、Na_2SO_4），遇水会膨胀或溶解，因此采用煤油作为饱水处理液体。此时测得的突破压力可采用式（6-4）进行转换：

$$p_{tw} = p_{to} \times \sigma_{wg}/\sigma_{og} \tag{6-4}$$

式中，σ_{wg} 为气-水界面力，为 72.8 mN/m；σ_{og} 为气体-煤油界面力，为 24 mN/m；p_{tw} 和 p_{to} 分别是煤油和水饱和的突破压力，MPa。

埋深为 862~869 m 之间的 40 个泥岩盖层样品的试验结果如图 6-14 所示。突破压力范围为 2.94~66.43 MPa，平均值为 28.48 MPa。根据相关研究结果[108]，当突破压力大于 24.3 MPa 时，盖层属于"极好"等级，而当突破压力大于 30 MPa 时，盖层为"完美"等级。根据这一标准，金坛盐矿泥岩盖层介于"极好"和"完美"之间，密闭性良好。

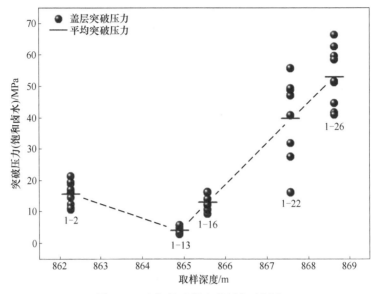

图 6-14   金坛盐矿泥岩盖层突破压力

B   渗透率和孔隙度

之前的研究结果表明泥岩盖层的孔隙结构是不规则的，高围压会压实微孔，导致渗透率下降[109]。当围压超过一定的压力阈值时，微孔难以被进一步压实，渗透率将保持不变。金坛盐矿的深度范围为 900~1100 m，对应的原位竖直应力为 20.7~25.3 MPa，远大于压密阈值压力。因此，泥岩盖层已处于压密状态，渗透率较低，为 $10^{-20} \sim 10^{-18}$ m²。同样测试了 50 个盖层试样的孔隙度参数，最高孔隙度约为 10.4%，最低为 1.4%，平均值为 4.3%，孔隙度也处于较低水平。

C   微孔结构

探究泥岩盖层的微观结构特征十分必要，所用观测试样来自上述试验同批次岩芯。通过扫描电镜观测发现泥岩盖层结构相当致密，组分颗粒很小且形状不规则，表面有分布较为均匀的凹陷和凸起。组成颗粒尺寸在 2~6 μm 之间变化，分布非常紧密，颗粒之间几乎没有间隙。此外，随着与盐岩地层距离的减小，即埋藏深度的增加，泥岩盖层钙芒硝含量增大，颗粒分布更加紧密。

综上所述，金坛盐矿盐岩地层分布广泛，具有稳定的区域构造及良好的纵横向圈闭性能，盖层具有较高的突破压力和致密的细观结构。此外，金坛地下盐穴天然气储库的成功建设与运行可以为此处地下储氢项目的实施提供宝贵的经验和信心。因此，该盐矿能够满足建设地下储氢设施的先决条件。

6.3.3.2   工程安全评估的准备工作

工程安全对于地下储氢盐穴具有重要意义，除了包括稳定性和密闭性外，还应考虑与安全性和经济性密切相关的可维护性。为评价地下储氢盐穴的工程安全性，建立了包含 2 个地下储氢盐穴的数值模型，并进行了相关评价和探讨。

A 地下储氢盐穴地质力学数值模型

图 6-15（a）所示为金坛盐矿通过声呐探测获得的地下储氢盐穴的潜在形状。其形状大致为椭球形，总高度为 80 m，最大直径（D_{max}）为 73 m。如图 6-15（b）所示，一厚度为 4 m 的泥岩夹层与盐穴相交，另有位于盐穴段内的若干厚度为 0~1 m 的薄泥岩夹层则未画出。总体来看盐穴形状较为规则，侧壁围岩仅有几处微小凸起。忽略溶腔底部沉渣堆积物所占空间，盐穴的有效容积约为 210000 m³。

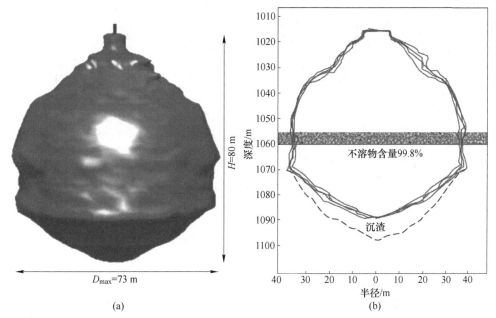

(a)　　　　　　　　　　　(b)

图 6-15 地下储氢盐穴的潜在形状和垂直剖面轮廓

（a）三维盐穴形状；（b）盐穴的垂直剖面轮廓（虚线代表沉积物下的底部轮廓）

基于图 6-15 中的信息，使用软件 ANSYS 建立了数值计算模型，如图 6-16 所示。对于压气蓄能项目，通常采用两个或多个相邻盐穴共同建设，这样即使部分盐穴损坏或者需要维护，生产活动仍可继续进行。地下储氢盐穴和盐穴压气蓄能具有相似的功能，因此建议利用两个相邻的盐穴。两个盐穴具有相同工程条件和运行工况，同时由于腔体形态的对称性，所建立模型为半模型。模型高 900 m，长 400 m，宽 400 m。该模型的底面在竖直方向（Z 轴）是固定的，周围四个侧面在水平方向（XY 平面）是固定的。为简化计算，将模型上部 500 m 厚地层所致上覆岩层重力简化为表面载荷 σ_Z。

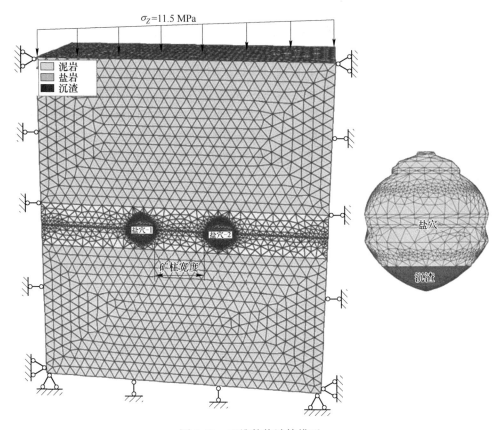

图 6-16 三维数值计算模型

B 力学模型和参数

数值计算过程包括：（1）将模型从 ANSYS 导入 FLAC³ᴰ；（2）固定边界并施加初始应力；（3）模拟盐穴开挖并施加卤水压力；（4）移除卤水压力并施加内部储气压力。整个模拟周期为 30 年，相比之下盐穴初期蠕变阶段的时间要短得多，通常在盐穴建设期间（通常为 4~5 年）就已完成，因此认为储氢期间围岩已处于稳态蠕变阶段。

渗透率和渗透系数是表征流体穿透岩体能力的两个重要参数。然而，对于特定类型的岩体，渗透率不仅与孔隙结构本身有关，还受气体类型的影响，而渗透系数则是岩体的固有性质。渗透率与渗透系数具有以下关系：

$$\kappa = K\frac{\mu}{\rho g} \tag{6-5}$$

式中，κ 为渗透系数，m/s；K 为渗透率，m²；μ 为流体黏度，Pa·s；ρ 为流体密度，kg/m³；g 为重力加速度，m/s²。

作者使用氩气和氮气测试了金坛层状盐岩的渗透参数。基于式（6-5），根据已知的渗透系数可以推导出不同的气体渗透率（此处可称为气体渗透率，以突出气体类型）。氢气易燃易爆，因此实验室内层状盐岩氢气渗透率测试并未开展，但可以根据渗透系数推算其氢气渗透率。

在压实良好的情况下，使用氩气作为渗透介质时，纯盐岩的渗透率低至10^{-21} m²以下，含杂质盐岩的渗透率约为10^{-20} m²。考虑到我国部分盐岩含有杂质，此处将盐岩的氩气渗透率设定为$5×10^{-21}$ m²。盐岩的渗透系数为$3.5×10^{-13}$ m/s，根据式（6-5）得到盐岩的氢气渗透率为$39.3×10^{-21}$ m²。类似地，夹层的氢气渗透率为$7.86×10^{-18}$ m²，层状盐岩的甲烷和氢气渗透率分别为$6.1×10^{-21}$ m²和$6.1×10^{-18}$ m²。

与天然气相比，当在层状盐岩中储存氢气时，围岩的气体渗透率将增加约6.44倍，将会导致更大的泄漏量和更大的渗漏距离。因此，应密切关注盐穴储氢的密闭性。同时由于层状盐岩的氢气渗透率很小，达西定律仍然适用于描述氢气在围岩中的渗透。

C　氢气运行内压

在德国，政府和相关行业一致认为，地下盐穴储氢将在可再生能源的长期储能方面发挥作用[110]。江苏省风能资源分布有两个显著特点：（1）沿海地区相对内陆而言风能资源更加丰富；（2）地域和季节差异非常巨大。因此，地下盐穴储氢可用于未来风电的跨季节调峰。

为满足风电跨季节调峰需求，盐穴内部氢气压强将每年经历一次循环。在用电低谷期间，可以利用过剩的风电通过电解获得氢气并注入盐穴，盐穴内氢气压强不断增加。而在用电高峰时期，采出氢气用于发电，氢气压强将越来越低。一年内及运行30年期间盐穴中氢气压强变化情况如图6-17所示。

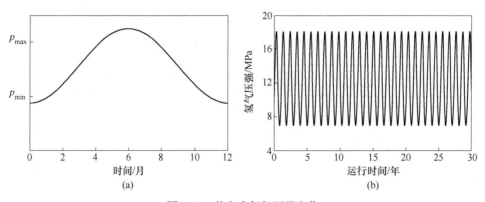

图6-17　盐穴中氢气压强变化

（a）一年内的气压变化；（b）30年内的气压变化

在盐穴正式用作地下储氢设施后，内部氢气压强成为 30 年运行期间的唯一变量。最大氢气压强（p_{max}）必须低于盖层的突破压力，严格控制最小氢气压强（p_{min}）以确保盐穴的完整性。根据国内外之前的研究[111]，盐穴内部气体压强通常为套管鞋处上覆岩层重力的 30%~85%。为了探究 p_{min} 对盐穴氢气储库稳定性的影响，保持 p_{max} 不变，设计了如下五种情况：

（1）工况 1：6~18 MPa，$p(t) = 12.0 - 6.0\cos\dfrac{\pi}{6}t$；

（2）工况 2：7~18 MPa，$p(t) = 12.5 - 5.5\cos\dfrac{\pi}{6}t$；

（3）工况 3：8~18 MPa，$p(t) = 13.0 - 5.0\cos\dfrac{\pi}{6}t$；

（4）工况 4：9~18 MPa，$p(t) = 13.5 - 4.5\cos\dfrac{\pi}{6}t$；

（5）工况 5：10~18 MPa，$p(t) = 14.0 - 4.0\cos\dfrac{\pi}{6}t$。

6.3.3.3 稳定性分析与优化

此处选择体积收缩率、塑性区和顶板沉降 3 个重要指标来评价不同氢气最小运行压强工况下盐穴的工程安全性和可行性。

A 体积收缩率

体积收缩率是反映盐穴稳定性、密闭性和适用性的综合因素。较大的体积收缩率通常伴随着更大的变形、更高的应力集中和更小的有效储存体积。图 6-18 展示了 30 年后 5 种不同氢气运行压强下两个相邻盐穴的体积损失率。

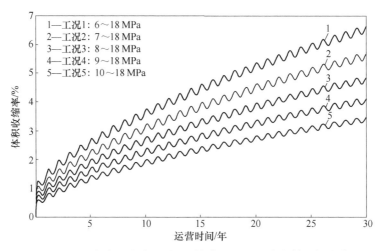

图 6-18 30 年来盐穴内 5 种不同氢气压强下盐穴的体积损失率

由图 6-18 可知，5 个最小氢气运行压强下的体积收缩率在最初几年快速增加，之后增速放缓，增长较为缓慢。在不同的最小氢气运行压强下，盐穴的体积收缩率彼此之间差异较大。p_{min} 越低，同一时间下体积收缩率越大，如 30 年后工况 1（6~18 MPa）的体积收缩率为 6.61%，而工况 5 则已减小至 3.41%，几乎是前者的一半。虽然每两个相邻工况之间 p_{min} 的差值相同，均为 1 MPa，但是每两个相邻工况之间体积收缩率的差距却随着 p_{min} 的增大而越来越小。例如，运行 30 年后工况 1 和工况 2 之间的体积收缩率差值为 1.05%，而工况 4 和工况 5 之间该差值降至 0.62%。表明 p_{min} 对盐穴体积收缩率的变化影响很大，但随着 p_{min} 的增大，其影响逐渐减弱。

从图 6-18 中还可看出在 0~0.25 年间，体积收缩率从零增加到 1% 左右，占据了 30 年内体积收缩率总量的很大一部分。这可能是由于开始时盐穴内氢气压强处于最低值，导致盐穴快速收缩。因此，建议开始时采用较高的氢气存储压强，以避免这种不利现象发生。

对于地下盐穴储氢，建议体积收缩率每年低于 1%，最初 5 年累计值不高于 5%，30 年内累计值不高于 30%。经分析，5 种工况下的年均体积收缩率在 0.12%~0.22% 之间，均远低于地下储氢时的相应标准值。因此，上述 5 种工况下氢气运行压强范围均是合理的。

B　塑性区的分布

塑性区由 M-C 准则决定，如下式所示：

$$\frac{1}{2}(\sigma_1 - \sigma_3) = \sigma\tan\phi + c \tag{6-6}$$

式中，σ_1、σ_3 分别为最大和最小主应力，MPa；σ 为破坏面上的正应力，MPa；ϕ 为岩体的内摩擦角，(°)；c 为岩体的黏聚力，MPa。

当岩体中某个平面上的剪应力达到抗剪强度时，岩体进入塑性状态。相应的区域可以称为塑性区。岩体进入塑性状态后，可能发生塑性流动甚至破裂，导致变形或破坏大大增加。盐岩和泥岩都是软岩，应小心控制或减少盐穴围岩的塑性状态，以避免过大的变形。

C　围岩位移值

根据仿真结果，发现 p_{min} 对盐穴的稳定状态有显著影响，表现为极大地改变了盐穴的体积收缩率、塑性区体积和变形量。因此，合理设计 p_{min} 的值非常重要，同时必须严格控制 p_{min} 的持续时间。通过比较，作为金坛盐矿地下储氢的初步可行性评价，建议放弃工况 1（6~18 MPa）氢气注采运行方案，并且 p_{min} 应不小于 7 MPa。工况 2 至工况 5 均可满足盐穴稳定性要求，因为其体积收缩率、塑性区体积和变形值均较小。

以上内容仅开展了层状盐岩中地下储氢的初步宏观可行性研究，针对具体腔体条件和特定工况下盐穴氢气储库稳定性分析及风险评估涉及较少。事实上，对地质储氢风险和稳定性的全面评估需要综合考虑地质力学参数、盐穴形状、矿柱宽度、埋深和其他因素，将在以后的研究中进行更加深入的探讨。

6.3.4 地下盐穴储氢气密性

6.3.4.1 气密性指标

气密性是地下储氢可行性的一个决定性因素，针对金坛盐矿 UGS 密闭性的评估已开展了大量工作。然而，氢气是自然界中密度最小的气体，其黏度低于甲烷，比其他气体更容易从围岩中泄漏出来，目前关于层状盐岩中地下储氢的密闭性研究鲜有报道。因此，层状盐岩中地下储氢的气密性仍然未知，急需开展相关研究。通常使用两个密闭性标准来定量评价地下天然储气库的密闭性，即年气体泄漏率和累计气体泄漏量。此处采用这两个指标来评估层状盐岩中地下储氢的密闭性。

6.3.4.2 围岩渗透性影响

金坛盐矿盖层和夹层的岩石类型包括钙芒硝、石膏、硬石膏和粉砂岩，这些夹层类型之间的渗透率相差可达 3~4 个数量级。为探明夹层渗透率对盐穴密闭性的影响，设计了 3 个水平的夹层渗透率进行模拟，相邻水平之间渗透率相差 1 个量级，此时盐岩的渗透率均为 39.3×10^{-21} m^2。模拟结果如图 6-19 所示。

从图 6-19 中可以看出，夹层渗透率变化了 3 个数量级，氢气累计漏失量变化很大。整体趋势是累计漏失量随着运行时间增加而增加，但增速逐渐降低，随着夹层渗透率的增加而增加。运行 30 年后，工况 1（夹层渗透率为 7.86×10^{-17} m^2）的累计漏失量最大，为 44.88%；当夹层渗透率下降到 7.86×10^{-18} m^2 时，累计漏失量下降到 5.85%，仅为工况 1 的 13.03%；当夹层渗透率进一步降低到 7.86×10^{-19} m^2 时，累计漏失量进一步降低到 3.13%，仅为工况 1 的 6.97%。这表明夹层渗透率对累计漏失量的变化有很大影响。

如图 6-19（b）所示，与累计漏失量的趋势不同，年漏失率在开始几年很大，之后快速下降并趋于稳定。工况 1 的初始年漏失率最大，即使到第 16 年，年漏失率仍高达 1.02%（>1.0%）。这表明如果在该类型的盐穴中储存氢气，大量的氢气将会泄漏。在工况 2 中，年漏失率始终低于 1% 且保持缓慢下降趋势，在 30 年间维持在 0.17%~0.24% 之间。第三种工况下的年漏失率整体处于极低水平，维持在 0.08%~0.15% 之间，能够满足地下储氢的密闭性要求。

总之，夹层的渗透性是影响地下盐穴储氢密闭性的重要因素。工况 1 难以满足密闭性要求，工况 2 和工况 3 下盐穴的气密性表现均可满足相应标准。因此，对于层状盐岩中的地下储氢设施，必须慎重考虑夹层的渗透性。

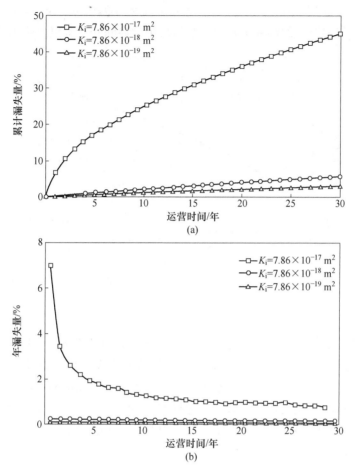

图 6-19　不同夹层渗透率时氢气渗漏量（K_i 为夹层渗透率）

（a）累计漏失量；（b）年渗漏率

6.3.4.3　各盐层的渗漏量

根据上述研究可知夹层是氢气泄漏的主要通道，因此有必要研究氢气分别在夹层和盐岩中的渗漏情况。设计了两种不同的夹层渗透率，分别为 7.86×10^{-17} m^2（工况 1）和 7.86×10^{-18} m^2（工况 2），在这两种情况下，盐岩的渗透率为零，即不可渗透。设计的第三种工况（工况 3）中，夹层的渗透率为零，盐岩的渗透率为 39.3×10^{-21} m^2。

图 6-20 给出了 3 种工况下累计漏失量的模拟结果。工况 1 和工况 2 运行 30 年后的累计漏失量分别为 44.56% 和 5.53%。与图 6-19 中的结果相比，这意味着对于工况 1 和工况 2 而言，氢气沿着夹层的泄漏量分别占总泄漏量的 99.3% 和 99.1%，表明夹层是氢气泄漏的主要通道。为了进一步证实这一结果，根据

图 6-20 计算了工况 3 中氢气仅通过盐岩层渗漏的年漏失率，30 年内的平均值仅为 0.32%，与夹层中的渗漏量相比，盐岩层中的渗漏几乎可以忽略不计。

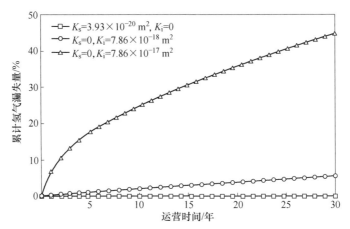

图 6-20 盐岩与夹层不同渗透率组合工况下氢气累计漏失量（K_s 为盐岩渗透率）

6.3.4.4 孔隙压力

为了清楚地验证氢气通过盐穴围岩不同岩体的渗漏情况，图 6-21 给出了不同运行阶段围岩中氢气压强的等高线，此时盐岩和夹层的渗透率分别为 39.3×10^{-21} m^2 和 7.86×10^{-18} m^2。运行初期，氢气渗透到围岩周围的一小块区域，盐岩和夹层中的渗漏情况没有明显差异。运行 10 年后，夹层中氢气的渗漏较为显著，即在距离围岩相同距离处，夹层中孔隙压力明显大于盐岩中的孔隙压力。围岩中氢气压强分布也表明了氢气渗流的影响范围，该结果再次表明氢气在夹层中的渗透距离大于盐岩。

运行 30 年后，氢气通过夹层的渗流成为主要的渗流通道。从图 6-21 可以看出，随着时间的推移，氢气通过夹层的渗透范围越来越大，而通过盐岩的渗透范围几乎保持不变。即便如此，与矿柱宽度相比，氢气在围岩中的渗漏距离仍然非常小。

上述研究表明，夹层是影响盐穴密闭性的重要位置。如果夹层的气体渗透率在 10^{-17} m^2 左右或高于 10^{-17} m^2，则表明这种盐层由于密闭性差，可能不适合用于储氢。当夹层的气体渗透率约为 10^{-18} m^2 或更低时，盐穴密闭性可满足储氢要求。此外，盐岩中氢气的泄漏量很小，可以有效防止氢气泄漏。

综上，夹层是氢气泄漏的关键位置，盐岩中氢气的泄漏几乎可以忽略不计。为了保证在盐层中地下储氢的密闭性，必须选择夹层渗透率足够低的地层。对于金坛盐矿，建议选择夹层气体渗透率在 10^{-18} m^2 左右或更低的位置进行地下储氢设施建设。在其他层状盐矿中，如果夹层的占比最高仅为金坛相应水平的 1/5 甚

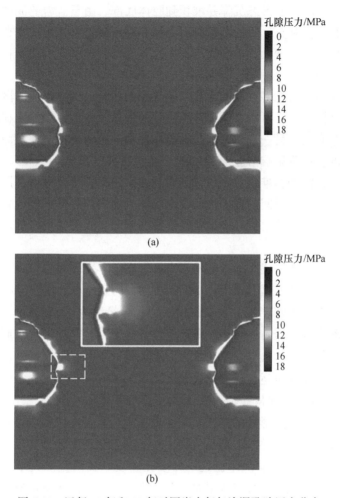

图 6-21　运行 10 年和 30 年时围岩中氢气渗漏孔隙压力分布

(a) 10 年；(b) 30 年

至更低，可以乐观地说，只要夹层的气体渗透率在 10^{-18} m^2 左右或更低，地下储氢的密闭性仍然可以满足。

6.4　盐穴溶腔改造利用技术

6.4.1　沉渣空隙空间储气

6.4.1.1　沉渣空间的形成及影响分析

在水溶造腔过程中，伴随着盐岩溶解，盐层及夹层中的不溶物剥除释放出来，以小颗粒及块状的形态沉降并堆积到腔体底部。由于盐岩的泥质夹层中含有较多的蒙脱石、伊利石、伊利石蒙脱石混层等黏土矿物，黏土矿物遇水膨胀，因此不溶物体积进一步增大。不溶物堆积在腔体底部，连同充填在堆积物空隙内卤水形成沉渣空间。

沉渣空间的形成在多方面制约盐穴储气库的建设。一方面，不溶物沉降堆积在储气库的腔体底部，可能会导致造腔内管的埋没及变形，在一定程度上影响后续造腔工作及安全；另一方面，堆积在腔体底部的沉渣会覆盖在溶腔壁表面，阻碍腔体的溶蚀，严重影响溶腔形态控制。

除此之外，沉渣的堆积及充填在其中的卤水占据大部分库容，严重影响储气库的储气能力。沉渣空间内的卤水还会导致储气库内储存的天然气含水，如果不能有效排出，在腐蚀盐穴储气库设备及管线的同时，天然气用户的用气需求也将受到影响。

对接井盐穴储气库建库地区的地层有夹层多、单夹层厚等特点，造腔结束后大量不溶物颗粒堆积在腔体底部。对淮安某井中取出的岩芯进行不溶物含量测试，结果显示盐岩溶解产生了大颗粒不溶物，含量约为 43.32%，表明腔体内将近一半的空间会被沉渣占据[112]。现有工程条件下，盐穴储气库腔底的沉渣难以排出。如果能够通过注气排卤工艺最大限度地将充填在沉渣空间的卤水排出，对盐穴储气库扩容及安全运行具有重大意义。

6.4.1.2　沉渣空间储气工作原理

通常，低品位盐层形成的盐穴空间主要被沉渣覆盖。按照以往在高品位盐层中建设储气库的标准和要求，低品位盐层是不具备储气库建设条件的。然而，从另一个角度来看，沉渣堆积体也是一种多孔介质。我国盐矿大多数为低品位盐层，且我国盐矿开采大多数以水平对接井组方式进行，卤水不可避免地要通过沉渣空间流通，但现场盐矿水溶开采并未受到沉渣过多影响，说明沉渣空间对于卤水流通具有较好的渗透性[113]。根据盐层品味及声呐测腔反演可知，沉渣体的孔隙度高达 30%~50%[114]。根据平顶山盐矿 2 个水平对接井组的开采资料，估算得到沉渣体对卤水的渗透率在 10~20D（$1D = 10^{-12}\ m^3/s$）之间，是国内枯竭气藏型储气库最高渗透率的 40 倍以上[115]。可以说，盐穴内部的沉渣体是一种多孔高渗的介质，若能将沉渣内部卤水排出，利用沉渣空隙空间进行储气，是完全具有可行性的。这将是低品位盐层储气技术的重要突破。图 6-22 所示为低品位盐层盐穴利用示意图。由于气体密度小，因此气体的注入应选择"高位"，卤水密度大，因此卤水的排出应选择"低位"。由于盐层倾角、腔体形态及腔体之间连通情况差异很大，利用沉渣空间储气时应遵循的原则为"高位注气、低位排卤"，但排卤管的设置并不仅限于图 6-22。

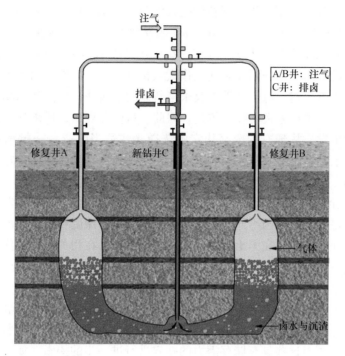

图 6-22 水平对接井组溶腔内注气排卤利用沉渣空隙空间储气示意图

由达西定律并结合现场开采数据，沉渣渗透系数可以计算为：

$$Q = KA \frac{h_2 - h_1}{\Delta L} \qquad (6\text{-}7)$$

同时可以将渗透系数转化为渗透率：

$$\kappa = K \frac{\mu}{\rho g} \qquad (6\text{-}8)$$

式中，Q 为注水流量，m^3/h；K 为沉渣渗透系数，m/s；A 为盐穴内沉渣体的截面积，m^2，在平顶山计算案例中取半径 $R = 10$ m，得到截面积 $A = 314$ m^2；此外，计算得到注水采卤的压降 $\Delta P = 1.67$ MPa，过流路径 $\Delta L = 300$ m（折算水头损失 $\Delta H = 139.2$ m）；流过沉渣的卤水等效流速 $v = 0.0001017$ m/s。

6.4.2 采卤用腔一体化

截至 2016 年底全国已有地下盐穴溶腔空间不少于 2.5×10^8 m^3。根据近年来盐矿开采量 5000 万吨每年估算，到 2023 年底，中国老旧盐穴的所有量已经超过 4×10^8 m^3。截至 2023 年，金坛运营着 50 余个盐穴储气库（储气容量接近 20×10^8 m^3），总溶腔空间接近 1200×10^4 m^3[116]。显然，如果现有的废弃盐穴部分得到利用，例如30%的空间利用率就相当于新建盐穴溶腔1.164×10^8 m^3，相当于金坛当前储存量的10倍（或相当于1.752×10^{10} m^{3}的储气量）。按照新建盐穴400元/m^3，改造废弃盐穴100元/m^{3}计算，可节约盐穴建设成本349.2×10^{8}元，并且至少可缩短盐穴建设时间3年进而使储气工作大大提前[117]。此外，除了考虑已有废弃盐穴进行储能库改建，对于开采中及未来新建的采卤井，也应考虑相应溶腔未来储能的可能性，推动采卤用腔一体化。因此，从资源利用、低碳化、经济和节约工期的角度出发，从现有的废弃盐穴中选择（或适当改造）一批满足储能要求的盐穴以及推动在采井及新建井未来储能功能实现，是当前和未来盐穴储能领域的重要方向。对此，本书也提出了相应的实施途径：

（1）在全国范围内开展盐穴老腔调查。现有的数据以采盐量为基础进行估算是较为粗略的，对全国不同地区废弃盐穴的数量、深度和安全状况等现状的了解仍十分欠缺。有必要在国土资源部门等的指导下，在相关企业的配合下，对盐穴老腔进行系统的调查。根据盐层品位、地质构造、开采深度和安全状况，可选择若干具有潜在储备能力的盐穴开展研究。

（2）有针对性地对盐穴进行详细探测。根据选择的盐穴和当地的储能需求，仔细检测和评估具有最佳储能潜力的老旧盐穴。为了确定盐穴的形状、体积和储存规模，有必要对这些具有储存潜力的盐穴进行进一步的探索，如盐穴形态模拟和声呐测腔。

（3）根据储能要求对废弃盐穴进行分类利用。在同一盐矿区内，盐穴的深度、形状、体积和安全条件可能差别很大，所选择的盐穴往往适用于储存不同的介质。储氢对气密性要求最高，其次是储碳、储气和压缩空气储能（CAES），最后是储油。但在储存深度上，CAES和储油不宜太深，储气、储碳、储氢应选择较大深度。因此，可以根据当地的储能要求和盐穴条件，对盐穴进行分类和综合利用。在保证储能安全的前提下，实现资源利用和盐穴储能利用综合效益的最大化。

（4）推动实现采卤-用腔一体化。采盐区域往往也有储能需求，应当协调"采盐水-建腔-储能"的综合目标。具体实施举措包括：1）与采卤、储能相关单位合作，尽可能寻求采卤生产计划与储能建设的共同点和合作机会，制定"采卤-建腔-储能"的总体目标。2）根据储能标准，对在采盐穴原有开采方案进行修改，重新确定盐穴开采边界，增加对溶腔形状、体积、边界的控制措施。3）对于新建采卤溶腔，严格按照储能介质的相关要求进行设计和开采，并优先考虑储氢、储气、CAES等高附加值储能。4）探索不同盐穴的不同储能需求，实现区域盐穴的综合利用，实现储能产业集群。例如，金坛盐矿既有储气库，又有CAES，未来还将引入储氢、储氦和储油等工程。5）共赢的合作方式。这种合作模式是盐矿企业建造盐穴，然后租赁或出售给储能企业，或者成立合资公司共同经营。其中，港华投资有限公司在金坛的储气库是中国盐业金坛公司与港华投资有限公司共同运营的模式，而平顶山的盐穴则可能出售给中国管道天然气集团公司以改造为储气库。

盐化工企业可以充分发挥其在卤水开采、溶腔建设及卤水处理等方面的优势，储能企业可以充分发挥其在储能管理、市场化运作等方面的优势，在国家层面上可以节约资金、加快进程、优势互补。不仅可以帮助盐矿企业进行技术升级、盘活闲置资源、开拓新效益，也可以帮助储能企业快速、廉价地获得优质的盐穴。"采卤用腔一体化"这一理念有利于加快盐矿绿色高效发展，同时有利于储能企业增产增效。

6.5 本 章 小 节

本章介绍了盐穴老腔的改造利用，重点介绍了盐穴储碳和盐穴储氢两个方面。通过盐穴储碳方面的研究得到的结论如下：

（1）超临界 CO_2 在地下盐穴中的长期地质储存是从工程稳定性的角度考虑的。对于深埋地下盐穴（深度超过 1000 m），服役期将缩短至几百年，服役期结束后，可采出储存的 CO_2（或其他保障盐穴稳定性的方法，如降低内压以延长服役时间）。由于数千年来盐穴的蠕变变形，内压可能超过套管鞋深度处地应力的 85%。因此，选择合适的初始内压对满足长期储存安全具有重要意义。

（2）利用地下盐穴短期储存 CO_2 是可行的。当选择合适的运行压强时（如江苏某盐矿，低压大于 18 MPa，高压为 32 MPa），围岩的压强变化、体积收缩、位移和塑性区均满足稳定性要求。

（3）对于中期/长期储存，以一个体积为 100 万立方米、深度为 800 m 的盐穴为例，服役期可达 1000 万年以上，但应保持长期的监测和记录工作，以确保后人能够及时处理紧急情况，对应的 CO_2 密度可以达到 750.448 kg/m³（如果初始压强比设定为 0.5）。单个盐穴的储存能力可达 75.045 万吨，可储存 100~1000年，如果能利用几十个盐穴，总库容会相当大。

（4）与地下盐穴储气不同，对于具有注采循环的地下 CO_2 盐穴，浅埋盐穴埋深较浅，工作气量较大，CO_2 的盐穴储存的密度和工作密度远大于 CH_4。对于一个体积为 100 万立方米、埋深为 800 m 的地下 CO_2 盐穴储库，工作气量可达 64.986 万吨，潜力巨大。

对盐穴储氢的可行性评估进行了一系列研究，包括地下盐穴储氢的地质可储性、稳定性和密闭性。所得结论如下：

（1）金坛盐矿作为典型的湖相层状盐岩，从宏观构造、岩层组成和细观结构来看，具有良好的圈闭性和封闭性，满足待建地下储氢盐穴的场地要求。

（2）建立了地质力学数值模型，选取关键指标衡量地下盐穴储氢的稳定性，包括盐穴体积收缩率、塑性区分布和围岩变形，并且提出了优化的内部运行压强。

（3）通过数值模拟分析了盐穴储氢的密闭性，结果表明夹层是氢气渗漏的主要通道，而沿盐岩的泄漏可以忽略。为确保层状盐岩中地下储氢的密闭性，夹层的气体渗透率应在 10^{-18} m^2 左右或更低。

参 考 文 献

[1] 杨春和，梁卫国，魏东吼，等. 中国盐岩能源地下储存可行性研究 [J]. 岩石力学与工程学报，2005，24（24）：4409-4417.

[2] 谢凌志，周宏伟，谢和平. 盐岩 CO_2 处置相关研究进展 [J]. 岩土力学，2009，30（11）：3324-3330.

[3] ZHANG X, LIU W, CHEN J, et al. Large-scale CO_2 disposal/storage in bedded rock salt caverns of China：An evaluation of safety and suitability [J]. Energy, 2022, 249：123727.

[4] 杨春和，李银平，陈锋. 层状盐岩力学理论与工程 [M]. 北京：科学出版社，2009.

[5] 孟凡巍，倪培，严贤勤，等. 江苏金坛盐矿形成时期盐湖水体成分：来自石盐包裹体的证据 [J]. 微体古生物学报，2011，28（3）：75-79.

[6] 尹雪英，杨春和，陈剑文. 金坛盐矿老腔储气库长期稳定性分析数值模拟 [J]. 岩土力学，2006，27（6）：869-874.

[7] 黄孟云，刘伟，施锡林. 金坛盐矿工程地质特性研究 [J]. 土工基础，2014，28（6）：92-95.

[8] LI J C, WAN J F, LIU H M, et al. Stability analysis of a typical salt cavern gas storage in the Jintan area of China [J]. Energies, 2022, 15（11）：4167.

[9] 魏东吼. 金坛盐穴地下储气库造腔工程技术研究 [D]. 青岛：中国石油大学（华东），2008.

[10] SHI X L, LIU W, CHEN J, et al. Geological feasibility of underground oil storage in Jintan salt mine of China [J]. Advances in Materials Science and Engineering, 2017, 2017：3159152.

[11] 张强勇，刘德军，贾超，等. 盐岩油气储库介质地质力学模型相似材料的研制 [J]. 岩土力学，2009，30（12）：3581-3586.

[12] 方琰藜，侯正猛，岳也，等. 一种应用于氢能产业一体化的新型多功能盐穴储氢库 [J]. 工程科学与技术，2022，54（1）：128-135.

[13] LI D P, LIU W, LI X S, et al. Physical simulation and feasibility evaluation for construction of salt cavern energy storage with recycled light brine under gas blanket [J]. Journal of Energy Storage, 2022, 55：105643.

[14] LIU W, CHEN J, JIANG D Y, et al. Tightness and suitability evaluation of abandoned salt caverns served as hydrocarbon energies storage under adverse geological conditions（AGC）[J]. Applied Energy, 2016, 178：703-720.

[15] YANG C H, WANG T T, CHEN H S. Theoretical and technological challenges of deep underground energy storage in China [J]. Engineering, 2023, 25：168-181.

[16] 施锡林，尉欣星，杨春和，等. 中国盐穴型战略石油储备库建设的问题及对策 [J]. 中国科学院院刊，2023，38（1）：99-111.

[17] 杨春和，王同涛. 深地储能研究进展 [J]. 岩石力学与工程学报，2022，41（9）：1729-1759.

[18] 李银平，杨春和，施锡林．盐穴储气库造腔控制与安全评估［M］．北京：科学出版社，2012.

[19] 完颜祺琪，丁国生，赵岩，等．盐穴型地下储气库建库评价关键技术及其应用［J］．天然气工业，2018，38（5）：111-117.

[20] 常小娜．中国地下盐矿特征及盐穴建库地质评价［D］．北京：中国地质大学（北京），2015.

[21] 刘红樱，姜月华，杨国强，等．长江经济带岩盐矿特征与盐穴储库适宜性评价［J］．中国地质调查，2019，6（5）：89-98.

[22] LI Y P, YANG C H, DAEMEN J J K, et al. A new Cosserat-like constitutive model for bedded salt rocks［J］. International Journal for Numerical and Analytical Methods in Geomechanics, 2009, 33：1691-1720.

[23] ZHANG G M, LI Y P, YANG C H, et al. Stability and tightness evaluation of bedded rock salt formations for underground gas/oil storage［J］. Acta Geotechnica, 2014, 9（1）：161-179.

[24] 杨春和，李银平，陈锋，等．层状盐岩能源地下储备库建造关键技术及其工程应用［R］．中国科学院武汉岩土力学研究所，2010.

[25] YANG C H, WANG T T, LI Y P, et al. Feasibility analysis of using abandoned salt caverns for large-scale underground energy storage in China［J］. Applied Energy, 2015, 137：467-481.

[26] 喻超，黄小兰，马洪岭．夹层力学特性对盐岩储库稳定性影响的模拟分析［J］．矿业研究与开发，2012，32（5）：85-90.

[27] 任涛．夹层赋存特征对层状盐岩力学特性及储库长期稳定性影响研究［D］．重庆：重庆大学，2013.

[28] SHI X L, LIU W, CHEN J, et al. Softening model for failure analysis of insoluble interlayers during salt cavern leaching for natural gas storage［J］. Acta Geotechnica, 2018, 13（4）：801-816.

[29] 吴欣，蒋同昌，李惠娟，等．陕北奥陶纪盐田成矿条件与地质特征［J］．现代矿业，2016，32（4）：141-142，145.

[30] LI Y P, LIU W, YANG C H, et al. Experimental investigation of mechanical behavior of bedded rock salt containing inclined interlayer［J］. International Journal of Rock Mechanics and Mining Science, 2014, 69（3）：39-49.

[31] 刘伟，李银平，尹栋梁，等．含倾斜夹层盐岩体变形与破损特征分析［J］．岩土力学，2013，34（3）：645-652.

[32] XU S G, LIANG W G, MO J, et al. Influence of weak mudstone intercalated layer on mechanical properties of laminated salt rock［J］. Chinese Journal of Underground Space and Engineering, 2009, 10：878-883.

[33] 鲜学福，谭学术．吸水后复合层状弹性岩体的膨胀效应［J］．重庆大学学报（自然科学版），1985（2）：1-10.

[34] 陈洪凯，唐红梅，鲜学福．缓倾角层状岩体边坡链式演化规律［J］．兰州大学学报（自

然科学版），2009，45（1）：20-25.

[35] 郑雅丽，赵艳杰. 盐穴储气库国内外发展概况 [J]. 油气储运，2010，29（9）：11，652-655，663.

[36] 杨春和，李银平，屈丹安，等. 层状盐岩力学特性研究进展 [J]. 力学进展，2008（4）：484-494.

[37] TARKOWSKI R, ULIASZ-MISIAK B, TARKOWSKI P. Storage of hydrogen, natural gas, and carbon dioxide—Geological and legal conditions [J]. International Journal of Hydrogen Energy, 2021, 46: 20010-20022.

[38] 姜德义，李晓康，陈结，等. 层状盐岩双井流场浓度场试验及数值计算 [J]. 岩土力学，2019，40（1）：165-172，182.

[39] 张强星，刘建锋，廖益林，等. 层状盐穴储库中三种典型岩石蠕变特征 [J]. 科学技术与工程，2019，19（28）：297-303.

[40] LIU W, MUHAMMAD N, CHEN J, et al. Investigation on the permeability characteristics of bedded salt rocks and the tightness of natural gas caverns in such formations [J]. Journal of Natural Gas Science and Engineering, 2016, 35: 468-482.

[41] ZHANG Z X, LIU W, GUO Q, et al. Tightness evaluation and countermeasures for hydrogen storage salt cavern contains various lithological interlayers [J]. Journal of Energy Storage, 2022, 50: 104454.

[42] SONG Y J, SONG R, LIU J J. Hydrogen tightness evaluation in bedded salt rock cavern: A case study of Jintan, China [J]. International Journal of Hydrogen Energy, 2023, 48: 30489-30506.

[43] 蔡美峰，何满潮，刘东燕. 岩石力学与工程 [M]. 北京：科学出版社，2002.

[44] ZHANG N, SHI XL, ZHANG Y, et al. Tightness analysis of underground natural gas and oil storage caverns with limit pillar widths in bedded rock salt [J]. IEEE Access, 2020, 8: 12130-12145.

[45] MORTAZAVI A, NASAB H. Analysis of the behavior of large underground oil storage caverns in salt rock [J]. International Journal for Numerical and Analytical Methods in Geomechanics, 2017, 41: 602-624.

[46] 陈祥胜，李银平，施锡林，等. 地下盐穴储气库泄漏原因及防治措施研究 [J]. 岩土力学，2019，40（S1）：367-373，389.

[47] 张桂民，王贞硕，刘俣轩，等. 水平盐穴中压气蓄能储库关键顶板稳定性研究 [J]. 岩土力学，2021，42（3）：800-812.

[48] 肖强. 盐穴地下储气库运营期长期稳定性研究 [D]. 成都：西南石油大学，2015.

[49] 陈颙，黄廷芳，刘恩儒. 岩石物理学 [M]. 合肥：中国科技大学出版社，2009.

[50] ABREU J F, COSTA A M, COSTA P V M, et al. Large-scale storage of hydrogen in salt caverns for carbon reduction [J]. International Journal of Hydrogen Energy, 2023, 48: 14348-14362.

[51] ZHAO K, LIU Y X, LI Y P, et al. Feasibility analysis of salt cavern gas storage in extremely

deep formation: A case study in China [J]. Journal of Energy Storage, 2022, 47: 103649.

[52] WALSH J B. The effect of cracks on the uniaxial elastic compression of rocks [J]. Journal of Geophysical Research, 1965, 70: 399-411.

[53] 任凭, 齐磊, 王玮, 等. 盐穴空间利用现状及发展趋势 [J]. 油气田地面工程, 2023, 42 (5): 1-8.

[54] 阳小平. 中国地下储气库建设需求与关键技术发展方向 [J]. 油气储运, 2023, 42 (10): 1100-1106.

[55] 冉莉娜, 郑得文, 罗天宝, 等. 盐穴地下储气库的建设与运行特征 [J]. 油气储运, 2019, 38 (7): 778-781, 787.

[56] 朱华银, 王粟, 张敏, 等. 盐穴储气库全周期注采模拟——以 JT 储气库 X1 和 X2 盐腔为例 [J]. 石油学报, 2021, 42 (3): 367-377.

[57] 徐彬. 大型低温液化天然气 (LNG) 地下储气库裂隙围岩的热力耦合断裂损伤分析研究 [D]. 西安: 西安理工大学, 2008.

[58] 万炜, 李广伟, 孙涛, 等. 盐穴压缩空气储能技术在江西省的应用展望 [J]. 能源研究与管理, 2023, 15 (1): 71-77.

[59] 周庆凡, 张俊法. 地下储氢技术研究综述 [J]. 油气与新能源, 2022, 34 (4): 1-6.

[60] 刘艳辉, 李晓, 李守定, 等. 盐岩地下储气库泥岩夹层分布与组构特性研 [J]. 岩土力学, 2009, 30 (12): 3627-3632.

[61] 曹烨, 邱国玉, 邹振东. 中国盐矿资源概况及其产业形势分析 [J]. 无机盐工业, 2018, 50 (3): 1-5.

[62] 孙军治, 陈加松, 井岗, 等. 国内盐穴储气库建库关键技术研究进展 [J]. 盐科学与化工, 2022, 51 (10): 1-7.

[63] 刘伟, 李银平, 杨春和, 等. 层状盐岩能源储库典型夹层渗透特性及其密闭性能研究 [J]. 岩石力学与工程学报, 2014, 33 (3): 500-506.

[64] 陈祥胜, 李银平, 尹洪武, 等. 多夹层盐矿地下储气库气体渗漏评价方法 [J]. 岩土力学, 2018, 39 (1): 11-20.

[65] LIU W, ZHANG Z X, FAN J Y, et al. Research on the stability and treatments of natural gas storage caverns with different shapes in bedded salt rocks [J]. IEEE Access, 2020, 8: 18995-19007.

[66] NARUMAS P, RAPHAEL B, SUNTHORN P, et al. Shape design and safety evaluation of salt caverns for CO_2 storage in northeast Thailand [J]. International Journal of Greenhouse Gas Control, 2022, 120: 103773.

[67] LIU W, ZHANG Z X, CHEN J, et al. Feasibility evaluation of large-scale underground hydrogen storage in bedded salt rocks of China: A case study in Jiangsu province [J]. Energy, 2020, 198: 117348.

[68] 丁国生. 盐穴地下储气库建库技术 [J]. 天然气工业, 2003 (2): 1, 106-108.

[69] 周冬林, 焦雨佳, 杜玉洁, 等. 水平对接采卤井腔体溶蚀形态分析 [J]. 西南石油大学学报 (自然科学版), 2021, 43 (1): 142-148.

[70] 黄小兰，杨春和，陈锋，等. 潜江地区层状盐岩天然气储库密闭性评价研究 [J]. 岩土力学，2011，32 (5)：1473-1478.

[71] 王少华，杨树杰. 中国东部岩盐矿区建造盐穴储气库地质条件分析 [J]. 化工矿产地质，2015，37 (3)：138-143.

[72] ZHANG N, MA L J, WANG M Y, et al. Comprehensive risk evaluation of underground energy storage caverns in bedded rock salt [J]. Journal of Loss Prevention in the Process Industries, 2017, 45: 264-276.

[73] 周雪峰，张永庶，严德天，等. 柴达木盆地冷湖地区第三系泥岩盖层封盖能力定量评价 [J]. 地球科学，2018，43 (S2)：226-233.

[74] 谢玉洪. 莺歌海盆地高温高压盖层封盖能力定量评价 [J]. 地球科学，2019，44 (8)：2579-2589.

[75] 侯科锋，李进步，张吉，等. 苏里格致密砂岩气藏未动用储量评价及开发对策 [J]. 岩性油气藏，2020，32 (4)：115-125.

[76] CAO Y H, WANG S, ZHANG Y J, et al. Petroleum geological conditions and exploration potential of Lower Paleozoic carbonate rocks in Gucheng Area, Tarim Basin, China [J]. Petroleum Exploration and Development, 2019, 46: 1165-1181.

[77] SCHMITT M, POFFO C M, DE LIMA J C, et al. Application of photoacoustic spectroscopy to characterize thermal diffusivity and porosity of caprocks [J]. Engineering Geology, 2017, 220: 183-195.

[78] 张璐，国建英，林潼，等. 碳酸盐岩盖层突破压力的影响因素分析 [J]. 石油实验地质，2021，43 (3)：461-467.

[79] 满轲，周宏伟. 不同赋存深度岩石的动态断裂韧性与拉伸强度研究 [J]. 岩石力学与工程学报，2010，29 (8)：1657-1663.

[80] 张广清，陈勉，金衍，等. 围压下泥岩断裂韧性测试与解释方法 [J]. 工程地质学报，2004，12 (4)：431-435.

[81] 巢志明，王环玲，徐卫亚，等. 不同饱和度砂岩渗透率、孔隙度随应力变化规律研究 [J]. 岩石力学与工程学报，2017，36 (3)：665-680.

[82] 魏志红. 四川盆地及其周缘五峰组-龙马溪组页岩气的晚期逸散 [J]. 石油与天然气地质，2015，36 (4)：659-665.

[83] DWEIRI F, KUMAR S, KHAN S A, et al. Designing an integrated AHP based decision support system for supplier selection in automotive industry [J]. Expert Systems with Applications, 2016, 62: 273-283.

[84] WANG T T, AO L D, WANG B, et al. Tightness of an underground energy storage salt cavern with adverse geological conditions [J]. Energy, 2022, 238: 121906.

[85] CHEN X S, LI Y P, SHI Y F, et al. Tightness and stability evaluation of salt cavern underground storage with a new fluid-solid coupling seepage model [J]. Journal of Petroleum Science and Engineering, 2021, 202: 108475.

[86] WONG T F. Anisotropic poroelasticity in a rock with cracks [J]. Journal of Geophysical

Research-Solid Earth，2017，122：7739-7753.

[87] WANG T T, YAN X Z, YANG H L, et al. A new shape design method of salt cavern used as underground gas storage [J]. Applied Energy, 2013, 104：50-61.

[88] COSENZA P, GHOREYCHI M, BAZARGAN-SABET B, et al. In situ rock salt permeability measurement for long term safety assessment of storage [J]. International Journal of Rock Mechanics and Mining Sciences, 1999, 36：509-526.

[89] 魏长青. CSCT 法在金坛老盐腔储气井腔体及井筒气密封测试中的应用 [J]. 中国煤炭地质，2020，32（5）：38-40.

[90] 王朝璋，慕进良，钟卡. 国内外储罐泄漏检测技术现状 [J]. 油气储运，2016，35（10）：1038-1041，1049.

[91] YOU T, AMANTINI E. Forty-five years of geotechnical engineering feedback in underground caverns [C]//European Rock Mechanics Symposium (EUROCK 2010) (Lausanne, SWITZERLAND), 2010.

[92] 孙希亮. 盐穴储气库气密封性检测的研究与应用 [J]. 中国井矿盐，2018，49（5）：20-22.

[93] WU S M, LI S T, LEI Y L, et al. Temporal changes in China's production and consumption-based CO_2 emissions and the factors contributing to changes [J]. Energy Economics, 2020, 89：104770.

[94] WANG J W, KANG J N, LIU L C, et al. Research trends in carbon capture and storage：A comparison of China with Canada [J]. International Journal of Greenhouse Gas Control, 2020, 97：103018.

[95] 刘廷，马鑫，刁玉杰，等. 国内外 CO_2 地质封存潜力评价方法研究现状 [J]. 中国地质调查，2021，8（4）：101-108.

[96] LI D P, LIU W, FU P, et al. Stability evaluation of salt cavern hydrogen storage and optimization of operating parameters under high frequency injection production [J]. Gas Science and Engineering, 2023, 119：205119.

[97] 曹成，侯正猛，熊鹰，等. 云南省碳中和技术路线与行动方案 [J]. 工程科学与技术，2022，54（1）：37-46.

[98] DA COSTA P V M, DA COSTA A M, MENEGHINI J R, et al. Parametric study and geomechanical design of ultra-deep-water offshore salt caverns for carbon capture and storage in Brazil [J]. International Journal of Rock Mechanics and Mining Sciences, 2020, 131：104354.

[99] YANG C H, WANG T T, LI J J, et al. Feasibility analysis of using closely spaced caverns in bedded rock salt for underground gas storage：A case study [J]. Environmental Earth Sciences, 2016, 75：1138.

[100] LI D P, LIU W, JIANG D Y, et al. Quantitative investigation on the stability of salt cavity gas storage with multiple interlayers above the cavity roof [J]. Journal of Energy Storage, 2021, 44：103298.

[101] SUSKEVICS M, EITER S, MARTINAT S, et al. Regional variation in public acceptance of wind energy development in Europe: What are the roles of planning procedures and participation? [J]. Land Use Policy, 2019, 81: 311-323.

[102] 刘怡, 肖立业, WANG H F, 等. 中国广域范围内大规模太阳能和风能各时间尺度下的时空互补特性研究 [J]. 中国电机工程学报, 2013, 33 (25): 6, 20-26.

[103] 朱蓉, 王阳, 向洋, 等. 中国风能资源气候特征和开发潜力研究 [J]. 太阳能学报, 2021, 42 (6): 409-418.

[104] LI Z, ZHANG W D, ZHANG R, et al. Development of renewable energy multi-energy complementary hydrogen energy system (A Case Study in China): A review [J]. Energy Exploration and Exploitation, 2020, 38: 2099-2127.

[105] PAN B, YIN X, JU Y, et al. Underground hydrogen storage: Influencing parameters and future outlook [J]. Advances in Colloid and Interface Science, 2021, 294: 102473.

[106] BAI M X, SONG K P, SUN Y X, et al. An overview of hydrogen underground storage technology and prospects in China [J]. Journal of Petroleum Science and Engineering, 2014, 124: 132-136.

[107] 陆佳敏, 徐俊辉, 王卫东, 等. 大规模地下储氢技术研究展望 [J]. 储能科学与技术, 2022, 11 (11): 3699-3707.

[108] 邓祖佑, 王少昌, 姜正龙, 等. 天然气封盖层的突破压力 [J]. 石油与天然气地质, 2000 (2): 136-138.

[109] LIU W, LI Y P, YANG C H, et al. Permeability characteristics of mudstone cap rock and interlayers in bedded salt formations and tightness assessment for underground gas storage caverns [J]. Engineering Geology, 2015, 193: 212-223.

[110] ZAPF D, STAUDTMEISTER K, ROKAHR R, et al. Salt structure information system (InSpEE) as a supporting tool for evaluation of storage capacity of caverns for renewable energies/rock mechanical design for CAES and H_2 storage caverns [M]. Mechanical Behavior of Salt Ⅷ-Roberts. London: Taylor & Francis Group, 2015.

[111] WANG T T, MA H L, SHI X L, et al. Salt cavern gas storage in an ultra-deep formation in Hubei, China [J]. International Journal of Rock Mechanics and Mining Sciences, 2018, 102: 57-70.

[112] 李朋, 李银平, 施锡林, 等. 多夹层盐矿水采沉渣空隙特征与储气能力评价 [J]. 岩土力学, 2022, 43 (1): 76-86.

[113] 王自敏, 袁光杰, 班凡生. 对接井盐穴储气库沉渣空间利用实验研究 [J]. 中国井矿盐, 2020, 51 (5): 27-30.

[114] LIANG X P, MA H L, CAI R, et al. Feasibility analysis of natural gas storage in the voids of sediment within salt cavern—A case study in China [J]. Energy, 2023, 285: 129340.

[115] 胥洪成, 刘君兰, 丁国生, 等. 气藏型地下储气库天然气损耗量研究进展与建议 [J]. 天然气工业, 2023, 43 (10): 149-155.

[116] YANG C H, WANG T T. Deep underground energy storage: Aiming for carbon neutrality and

its challenges ［J］. Engineering，2023.

［117］ WANG Y F，ZHANG X，JIANG D Y，et al. Study on stability and economic evaluation of two-well-vertical salt cavern energy storage ［ J ］ . Journal of Energy Storage，2023，56：106164.